合肥工业大学图书出版专项基金资助项目

徽州建筑文化十讲

贺为才　编著

合肥工业大学出版社

内容简介

　　本教材从建筑学视野，以皖南徽州区域建筑和文化生态为背景，立足于学术前沿，凝练教学科研成果，对徽州建筑文化进行了较为全面系统的梳理和阐释。内容主要包括：徽州建筑环境与生态文化、徽州公共建筑与宗教文化、徽州宅第建筑与居住文化、徽州寺观建筑与宗教文化、徽州景观建筑与园林文化、徽州建筑安全与防灾文化、徽州商业建筑与经营文化、徽州建筑装饰与审美文化、徽州建筑结构与工艺文化、徽州建筑意象与风水文化等十讲。全书图文并茂，各讲主题明确，解读清新接地气，融知识性、学术性、趣味性于一体，适合建筑学、城乡规划、风景园林、环境设计、美术学诸学科专业师生教学参考使用，也为广大文化工作者、美术写生及旅游摄影爱好者等提供了浏览、探访徽州的一扇门或窗。

目　录

导　　论

　　徽州建筑，或称"徽派建筑""徽风建筑"，是阐释地域文化与建筑设计的地域性、时代性、文化性的活标本。行走于徽州大地，可以观察、认识、体验、诠释和鉴赏徽州人居环境，充分感悟徽州建筑文化。徽州是传统艺术和技术文明积淀深厚的地区，是建筑师、规划师、设计师、美术师、摄影师、旅游者、美食家的天堂，我们都能从中获取灵感和享受，尤其对于学习和从事建筑与城乡规划设计的人员，更是难得的活教材。如今，徽州建筑文化已进入众多高校的课堂。

　　为了便于学习，有必要先解读"徽州""建筑"与"文化"及"建筑文化"的关系。

一、徽州

　　徽州，既是一处特定的地理行政区域，又是一个历史文化概念，由于古今政区划分的变化，当代语境下的"徽州"含义主要是地域文化概念。

　　徽州，历史悠久，源远流长。历史上的徽州，地处今皖南、赣北、浙北交界地区，区域范围及名称多有变更，治所也不同。基本沿革轨迹：春秋属吴、楚，秦置黟、歙二县，属会稽郡；魏晋时期为"新安郡"；隋唐时期置"歙州"；北宋宣和三年（1121 年），改歙州为"徽州"，自此得名，治所在歙县，辖歙、黟、休宁、绩溪、婺源、祁门 6 县，奠定了徽州"一府六县"格局。此后 800 余年，直至民国时期未有大的变动。可见，"徽州"是长期稳定的地理行政区域。1949 年，婺源划归江西省；1961年，设徽州专区；1971 年，改徽州专区为徽州地区；1987 年，经国务院批准，改徽州地区为地级"黄山市"；1988 年，正式设立黄山市，辖三区四县，即屯溪区、徽州区、黄山区、歙县、黟县、休宁县和祁门县，行政区划变更，分分合合之后，原作为行政区划意义上的"徽州"已不复存在。但作为一个历史文化概念，"徽州"的影响十分深远，因"一府六县"长期稳定合一，居民在生产、生活及心理、习俗诸方面不断交互融合，共同创造了辉煌的文明，形成了强烈的文化认同和乡愁归属感。可以说，"徽州"已固化为一个独特的文化符号。

"黄山市"与历史上的"徽州"大不相同。作为历史文化区域的"徽州"，大致对应于今：安徽省黄山市屯溪区、徽州区、歙县、黟县、休宁县、祁门县及黄山风景区（原歙县汤口），安徽省宣城市绩溪县，江西省上饶市婺源县，有时为研究的需要，将曾隶属"徽（歙）州"管辖的毗邻，如浙江省杭州市淳安县、安徽省宣城市旌德县、安徽省池州市石台县及黄山市黄山区纳入研究范围。由于习惯延续，学术上有时仍沿用"新安""歙"称之，如"新安理学""新安画派""新安医学""歙砚"等。

徽州境内群山环抱，山谷纵横，"川谷崎岖，峰峦掩映，山多而地少"（《徽商便览·缘起》），虽然是一个相对封闭的地理单元，但是群山环崎、云蒸霞蔚，风景优美。

对于徽州先民而言，景致纵然如画，却并非"秀色可餐"。俗谚中形容徽州是"八山一水一分田"，就是说耕地只占全部面积的十分之一，其余十分之九都是不能收获粮食的山地和溪流。历代方志中多有"土不给食""土狭谷少""地狭人稠""山多田少""土瘠田狭"的记录，可见山民生存之艰辛。明末人金声形容徽州人的生存空间是"如鼠在穴"。徽州人不得不开垦梯田，但十多层梯田累级而上，面积加起来也不足一亩。明代旅行家谢肇淛描述徽州的房屋多是"楼上架楼……计一室之居，可抵二三室"（《五杂俎·卷4》），即便如此，还是"无尺寸隙地"。

徽州"川谷崎岖""山多地少"，不利于农耕，两宋以前还是一个较为贫穷的山区。据明人汪道昆《太函集》载："新都故为瘠土，岩谷数倍土田，无陂池泽薮之饶，惟水庸为撙撙，即力田终岁，赢得几何？"艰难的生存条件，造就了徽州人崇尚勤俭的风俗。"故生计难，民俗俭"（光绪《婺源县志》）。"女人犹称能俭，居乡者数月，不占鱼肉"（康熙《徽州府志》）。"吾乡风俗淳厚而俭朴尤足称道，闻隆万年间乡无大贫"（嘉庆《桂溪项氏族谱》）。徽州人勤俭持家，维持生计，民风淳朴。从志书谱牒可知，明中叶成化、弘治之前，以农耕为主业的小农经济是徽州村落的基本特征之一。

徽州景色秀美、地形闭塞，还是历史上中原地区人口因避战乱三次大规模南迁的重要栖息地。南迁人口在徽州建立了早期的移民型村落，随着人口数量不断增长，村落发生基于宗族组织的"聚变"与"裂变"，析出人口在徽州境内迁移。择地而居建立新的村落，形成徽州村落产生与扩散的基本模式。而移民及人口的大量增长，更加剧了徽州人地关系的紧张状况，迫使大批徽州居民外出经商，一些人获得了丰厚的利润。

　　明清时期，徽商崛起，有"无徽不成镇，无绩不成街"之说，极大地推动了徽州社会经济的发展繁荣，也加速了徽州本土的城镇化。徽商经商致富后，纷纷回乡修建宗祠、宅第、书院、道路、桥梁及牌坊、亭阁景观等，带来徽州营造活动的长足勃兴。

二、建筑与徽州建筑

　　建筑是指按照美的规律，运用建筑艺术独特的艺术语言，使建筑形象具有文化价值和审美价值，具有象征性和形式美，体现出民族性和时代感。以其功能性特点为标准，建筑艺术可分为纪念性建筑、宫殿陵墓建筑、宗教建筑、住宅建筑、园林建筑、生产建筑等类型。从总体来说，建筑艺术与工艺美术一样，也是一种实用性与审美性相结合的艺术。建筑的本质是人类建造以供居住和活动的生活场所，所以实用性是建筑的首要功能。只是随着人类实践的发展和技术的进步，建筑越来越具有审美价值。

　　建筑涵盖甚广，本书将遵从吴良镛先生倡导的"广义建筑学"理念：努力将建筑、城市、村落、环境等进行整合，使建筑学探索"向深度与广度进军"，以"人居环境科学"的开阔视野，将过去建筑的范围展拓为人居环境，以建筑——城市——园林——技术为核心专业，从更宽阔的学术空间致力于人居环境的开拓，寻求宜人环境的创造①。所以，学习和研究徽州建筑文化，旨在提升和完善当代人居环境品质。

003

　　徽州建筑主要指在古徽州"一府六县"（歙、黟、休宁、绩溪、婺源、祁门）境内及受其影响的周边地区，营造的城镇村落、城乡房屋、道路桥梁及各类园林景观等。徽州建筑经历了千百年的发展演变，营造技艺不断进步，文化底蕴越发厚实。徽州建筑的历史至少可以追溯至两千多年前山越人的干栏式"巢居"建筑。秦汉至南北朝时期，山越文化与中原文化交织融合，出现中原四合院平房形制与当地干栏式楼居形制相融合的新型天井式楼居形制的雏形。唐宋元时期，徽州建筑得到充分发展，建筑类型增多，初显地方特色；明清时期，建筑形态技艺基本趋于定型，徽州建筑告成；清末民国时期，徽州建筑中出现"西化"倾向。

---

　　① 吴良镛. 广义建筑学［M］. 北京：清华大学出版社，2011.

现存徽州建筑主要为明清遗构，包括古城、古村镇、古民居、古祠堂等等，因其营造技艺高超，保存完好，价值独特，被列入世界文化遗产、历史文化名城名镇（村）、重点文物保护单位者不胜枚举。这些徽州建筑为我们学习和研究优秀建筑文化提供了丰富实例。

三、"文化"与"建筑文化"

何谓文化？文化二字看起来容易理解，但若要对它进行释义却也不易。文化不只是"文化知识"，也不只是"文治教化"。关于"文化"的定义，见仁见智，有数百种之多。

文化（Culture）是个外来词。现代汉语中的"文化"二字是从日本引进的，其日语与汉字写法相同，但读音不同。在西方，"文化"也包含许多意义：文化与"耕作"有关，英语中农业一词是"Agriculture"；文化还与"进步"有关，如"麦子的改良"（the Culture of Wheat）、"工艺的改进"（the Culture of Arts）等。"文化"一词从语义学来说是多义的，它还有"智慧""教养""崇拜""习俗"等含义。

《周易·贲卦·象传》中讲："刚柔交错，天文也；文明以止，人文也。观乎天文，以察时变；观乎人文，以化成天下。"其意是说，天生有男有女，男刚女柔，刚柔交错，这是天文，即自然；人类据此而结成一对对夫妇，又从夫妇而化为家庭，而国家，而天下，这是人文，是文化。人文与天文相对，天文是指天道自然，人文是指社会人伦。治国家者必须观察天道自然的运行规律，以明耕作渔猎之时序；又必须把握现实社会中的人伦秩序，以明君臣、父子、夫妇、兄弟、朋友等等级关系，使人们的行为合乎文明礼仪，并由此而推及天下，以成"大化"。人文区别于自然，有人伦之意；区别于神理，有精神教化之义；区别于质朴、野蛮，有文明、文雅之义；区别于成功、武略，有文治教化之义。可见，所谓人文，标志着人类文明时代与野蛮时代的区别，标志着人之所以为人的人性。

美国学者菲利普·巴格比认为"……文化包含了思想模式、情感模式和行为模式，但并不包含任何决定这些模式的不可见实体，不管它们是什么东西"①。作者把文化作为一种"模式"来看待，这显然是把与人关联

---

① ［美］菲利普·巴格比. 文化：历史的投影——比较文明研究［M］. 夏克，李天纲，陈江岚，译. 上海：上海人民出版社，1987.

的一切事物结构化、系统化。他还指出"文化就是一个特殊种类的行为的规则。它包括内在的和外在的行为两个方面，它排斥行为的生物遗传方面"。这个意思是从文化性质来说的，因此"文化"似乎是个说不清的词，只好约定、默认。有些人认为，文化是一种历史现象，每个社会都有与其相适应的文化，并随着社会的前进而发展；文化是一定社会政治和经济的反映，同时又作用和影响其政治和经济；文化具有民族性，随着各个民族的发展而形成民族传统；文化有其历史连续性，每一社会物质发展的历史连续性，是文化发展历史连续性的基础；在阶级社会中，文化具有阶级性①。无论如何，论及文化，必须首先与人联系起来，必须与文明联系起来。文化应是一种能使人感受的对象，是人类文明在进步尺度上的外化，依附于文明而存续，可感知，却是抽象的、无形的。可以说，文化也就是将人类文明注入时空或物质，将自然人化。

美国学者莱斯利·怀特于 1959 年发表的《文化的概念》一文，可以说是有史以来对文化这一概念作过的最精确的分析。在这篇文章中，怀特提出了关于文化的著名定义："文化是依赖于符号的使用而产生的，包括物体、行为、思想及态度。"在怀特关于文化的定义中，符号是一个重要的概念。他认为，人与动物的大脑存在着本质的区别，而不是量的差异，这一区别是基于唯独人才具有的创造符号并赋予事物本身并没有的意义的能力。全部文化（文明）依赖于符号。正是由于符号能力的产生和运用才使得文化得以产生和存在；正是由于符号的使用，才使得文化有可能永存不朽。没有符号，就没有文化，人也就仅仅是动物而不会成为人类。文化的结构，可分为物质层、组织制度层及心理哲理层。怀特的文化分析理论，对于研究建筑文化很有参考价值。

建筑是文化的重要载体，能够体现特定时空中的经济社会、科学技术、伦理道德、生活情趣等信息。文化始终和人联系在一起。正如沈福煦先生所述：城市，其中的人的结构与其文化的结构密切相关。城市中的人，就其文化性质来说有三种类型：第一种是有财有势的统治阶级，若是都城，就是皇家的。第二种是平民百姓。所谓俚俗文化，就显得土气、俗气，但他们却是大量性的，是城市的"根底"，而且最能表现地方特征。第三种是文人士大夫文化，这种文化显示出高雅、"不俗"，文秀雅致。一般多鄙视富贵，也看不起俚俗。我国古代的《诗经》有"风""雅"

---

① 施宣圆. 中国文化辞典［M］. 上海：上海社会科学院出版社，1987.

"颂",正是对这三种文化的表述①。建筑亦然,建筑文化也是有秩序的,多元的。文化有雅俗之分、族群和区域之异,还有主流文化与亚文化之分,形成多彩的不同文化圈层,各圈层文化间会发生碰撞,也可以相互学习、交流、借鉴、融合、传承,创造新的文化。

四、徽州建筑文化的当代价值

文化反映历史,传承文明,同时又是历史的沉淀,徽州文化亦然。由于徽州文化自身的系统性、内容的广泛性、成就的代表性,它浓缩地反映了中国传统社会,尤其是明清时期社会经济文化的活动,因此具有文化模式的标本价值和典型意义。研究徽州建筑文化,对于解读传统社会经济、科学技术、营造工艺、情感伦理,尤其对于揭示明清时期中国营造活动、乡土社会文化、人居环境发展模式等具有重要的学术和借鉴价值。徽州建筑文化博大精深,研究并无止境,人文社会科学、自然科学的学者都能从中获取充裕的研究材料,从不同角度加以研究。例如,从其发展的社会经济和历史文化背景分析,以《周易》及其衍生的传统的风水理论指导村落的选址,基本上枕山面水而居;以家族血缘关系为纽带聚族而居;以徽帮在外经商、做官取得的财富作为村落建设的经济支撑;以程朱理学为代表的封建伦理道德观念,统治规范人们的思想行为、道德水准;以尊儒重教的传统文化影响建筑的形式和功能,并物化祠堂、牌坊、书院、民居、水口园林等地方建筑形制;以道家"天人合一"的思想为指导原则之一,表现出正确的人与自然的相互关系。

徽州建筑自成体系,融古雅、简洁和富丽于一体,主要体现在村镇规划与建筑形态上,从选址、布局、造型、结构、功能到装饰美化都集中地反映出徽州的地域特征、工艺水平、民俗心理及审美取向,成为别具一格的建筑艺术。作为一种历史的遗存,徽州建筑是研究人文、科技、工艺的"活化石",也是一部建筑文化的立体教科书。建筑是多元要素的有机构成与融合,包括实物、科学、技能、艺术和文化,其中有着丰厚的科技观念和人文意蕴,营造出生态良好、形态优美的聚居环境。徽州建筑反映出人们追求的一系列理想,其建筑艺术十分重视写意的手法,既创造出一种含蓄美的有效方式,又不过分拘泥于对实物形象的摹写,进而赋予有限形象以更为深广的寓意和生命。

---

① 沈福煦. 城市论 [M]. 北京:中国建筑工业出版社,2009.

　　总体而言，徽州建筑有着以下 4 个方面的精神追求：建筑实体与建筑文化的统一，建筑科技与建筑工艺的结合，人工构建与自然生态的和谐，科学精神与人文精神的交融。徽州建筑和自然环境完美结合，融汇其中的聚合感、归属感、安全感、亲切感、秩序感、领域感，各得其所，相得益彰，各美其美，美美与共。

　　徽州建筑蕴涵着朴素的可持续的技术观和生态环境观。学习和研究徽州建筑文化，就是要从中汲取合理内核、营造智慧，激发城乡规划、建筑设计灵感，为当前新型城镇化、生态文明建设服务，传承中华优秀传统文化，探索中国特色城市化及乡土建筑发展新路。而在谈及探索当代新的乡土建筑的创作风格时，正如吴良镛先生所述，"这要从大地中去追求，从自然中去追求，从乡土人文中去追求，去吸取营养。所以，中国建筑要走自己的道路，走地区的道路。一切真正的建筑，就定义来说是区域的，仅从杂志缝里找建筑的未来是行不通的"①。吴先生的话同样也为当代徽州乡土建筑创作指明了方向。由于时代变迁，材料、建筑技术及社会生活方式、人口家庭居住模式也发生了重大变化，徽州建筑的设计者们也应合理扬弃，与时俱进，才能设计创造出更多"徽而新""新而徽"的建筑精品，促进新时代美好乡村规划建设。

　　① 吴良镛. 开拓面向新世纪的人居环境学：《人聚环境与 21 世纪华夏建筑学术讨论会》上的总结［J］. 建筑学报，1995（3）：9-16.

第一讲　徽州建筑环境与生态文化

第一节　徽州山水与人居环境

　　水源是徽州村落布局的主要因素之一。徽州地处北亚热带，属于湿润季风气候，降水量丰沛，年平均降水量达1500毫米以上。丰沛的降水使得徽州水系发育、河网密布，地表水资源丰富。徽州境内水系纵横，湖泊、河流密集，主要以新安江为主，还有阊江、乐安江、水阳江等水系。丰富的水资源提供了徽州传统聚落赖以生存的必要条件，独特的地理因素造就了徽州传统乡村聚落星罗棋布，依山傍水，形成了"山居十之八，水居十之二"的地域景观。

新安江山水画廊

　　新安江是徽州境内最大的水系，发源于休宁县六股尖，从源头起流经祁门、屯溪、歙县，至皖、浙省界街口，最终汇入钱塘江。沿新安江顺流东下，起伏的山峦渐渐被开阔的平原所代替，山区贫瘠的红壤从视野中消失，眼前是典型的江南水乡的沃土。星星点点的集镇、城市浮现在河流两岸。这里就是商业和手工业极为发达的苏松杭嘉湖地区和淮扬盐场。由于东晋和宋、齐、梁、陈等朝建都建业（今南京），大批中原人士南迁，使得这个地区蓬勃发展起来，其繁华绮丽与华夏文明的摇篮黄河流域相比，又别具一番特色。南宋以降，国家经济重心进一步南移，苏浙成为东南部经济要区。

徽州地处万山之中，陆路交通极为不便。所幸境内有数条可通航的水道，水路交织纵横，越过万山阻隔，把外界同徽州联系了起来，使徽州的地方经济融入了全国范围。行旅舟楫往来络绎，吞吐输纳，带走徽州的土特产品，带来山民急需的粮食，促进经济往来和对外交流。

由于水路近捷，徽州和该地区联系十分紧密。再从苏浙地区沿运河往北，一路所经多为商贾辐辏的经济重镇，徽州人可以由此分赴河南、山东、河北等地，直抵北方最重要的政治经济中心——北京。这是由徽州出发往东经过的水路，利用的是新安江水系。

徽州境内另一条重要的河道是阊江。由祁门县进入阊江，顺流而下，不远就是江西的浮梁。浮梁很早就成为一个商业交换的中心。唐代白居易的《琵琶行》中已有"商人重利轻别离，前月浮梁买茶去"的句子。由浮梁再沿阊江前行，不过几十里水路便可到达"瓷都"景德镇。曲曲折折的阊江将舟船载入浩渺的鄱阳湖，这里鱼米丰足，人烟繁密，并且同长江相连。逆长江西上，这条横贯大半个中国的"动脉"，可将徽州人带入湖北、四川。苏轼曾描绘长江上的繁忙运输："北客随南贾，吴樯间蜀船"，其中当不乏徽州人的身影。

徽商通过航运获取了利润，促进了徽州的经济发展和社会繁荣，同时也将域外的技术、文化等传播到徽州，促进了徽州营造技术的进步和审美文化的提升。

徽州多山，地少人多，山岭、丘陵占总面积的90%以上，在清道光年间（1821—1850）仅歙县人口就达60余万。在耕地少、人口多的条件下，建房不得不设法节省用地，向空中发展，获取更多面积。因此，徽州房屋多为二层、三层楼房。徽州村落多布局于山间盆地、山间谷地，但也有一些村落坐落于山坡之上。山坡上的村落随着地势的变化，多作阶梯状布局，故称为阶梯状村落。这种村落布局大致可归纳为两种情况：一种是主要走向与等高线平行，另一种是主要走向与等高线垂直。前者，村落的主要街道走向与等高线一致，呈弯曲的带状，没有明显的高程变化。与主要街道相交的巷道一般垂直于等高线，高程变化较显著。后者，村落的主要街道与等高线相垂直，随着山势变化，有很大的高程变化。沿着街道两侧布局的建筑物必然与地势变化相一致，呈跌落的形式，建筑物的外轮廓线也随之呈阶梯状的变化，使得街道具有明显的节奏感。位于山坡上的村落建筑景观富有鲜明的韵律感，由于视点不同，呈现出不同的视觉效果：由低处仰望，视觉中更多的是建筑物的檐下部分；由高处俯视，视觉中更多的是层层跌落的屋顶，层次感明显；由侧面观看，则能比较全面地欣赏村落的面貌，特别是随着山势的变化而起伏错落的外轮廓线更加引人注目。

绩溪磡头村水街与听泉亭

　　绩溪县的磡头、霞水等村落依山势而筑，形成较为典型的梯形村落。黟县的塔川村可称作徽州梯形村落的代表。该村距宏村景区约3km，整个村落位于山坡之上，依山势建造，栋栋飞檐翘角的古民居层层叠叠，村落整体布局高低错落犹如宝塔，故名塔川。塔川村落规模不大，但仍完整保留着30余幢清代民居。塔川村水口保存着五六株古枫树、古樟树，树冠如盖，遮阴蔽地，树根盘曲，错差裸露。村周围，塔川人世代栽种了大量的乌柏树，目前还保存有数百株。每当秋深，古枫树叶、乌柏树叶五彩并呈，灿若云霞，给掩映于树丛中的塔川平添了几分妩媚。塔川秋色是徽州村落著名的景致，为塔川赢得了"中国画里的乡村"的美誉。徽州人所居住的村落和居室注重人与自然特别是周围环境的和谐，居室室内装饰与家具等布置，以及各种生产和生活用具，都尽显当地特色。

第二节 徽州气候与人居环境

徽州地区年平均气温为 16.3℃，无霜期 231 天，平均日温在 10℃ 以上的为 236 天。在这样暖季长且无严寒的条件下，住宅建筑主要适应夏季气候，所以堂屋为敞厅，向天井开放，厨房等附属建筑也多为开敞形式。徽州地区雨量充沛，空气湿度较大，年平均降水量为 1536.2 毫米，全年降水天数为 154 天，年平均相对湿度为 78%。因此，坡屋顶出檐较深，屏风墙上部也做瓦顶，以保护墙面不受雨淋。为了克服闷热，房屋进深大，外墙高，太阳不能直射到室内，以取得阴凉效果。特别是在堂前、后设置天井，使室内外空间紧密相接，建筑物的大部分又经常处在阴影之中，从而加大了空气温差，加速了空气对流。

雨季从农历三月开始，七月中旬以后一般不会出现可能导致洪水暴发的大雨。总体来看，占徽州面积大部分的山区地面高程较大，其特点是气温较低，积温较少，多云雾，少日照，降水丰富。这种夏季无酷暑、冬季非严寒的气候特点不大利于农作物的生长，但对多年生的林木影响较小。

徽州山区气候湿润，为防瘴疠之气，人们把楼上作为日常主要栖息之处。楼上厅屋一般都比较轩敞，有厅堂、卧室和厢房，沿天井还设有"美人靠"。

011

婺源县理坑村小姐楼美人靠

雨水在徽州建筑文化中扮演着重要的角色。皖南地区在每年的很长一段时间内，都受雨水的影响。尤其在梅雨季节，雨水细密如雾，使徽州古村落空间的景观呈现出如诗如画的效果。

徽州古村落街巷空间，尤其是巷道空间，其高宽比较大、空间狭小。雨水对其的侵入主要以斜向形式展开：一部分雨水由两侧建筑物形成的狭长的直接对天空的空间直接进入，一部分通过屋面屋檐流下，一部分飞落在翘起的马头墙和窗罩、门罩上再飞溅落入已形成的很小空间中。雨水的体、面、线、点相交融，且呈现雨珠大小不同、飞溅形式不同、飞溅方向有变化的丰富的落雨特征。

第三节　耕读文化、徽商经济与人居环境

徽州传统社会融耕读文化、儒家文化、宗族文化、重商文化、风水文化等于一体，尤其是徽商贾而好儒，关心公益事业，良好的经济基础和文化积淀为徽州建筑及整个人居环境建筑提供了条件。徽州传统乡村聚落形成与发展的社会因素，包括宗法制度、风水活动、经济、建筑等级制度等。这些内在因素长期地伴随着传统聚落的发展，是构成聚落结构的内在核心部分。建筑等级制度是历代统治者所制定，用来规定建筑规格、规模、型制、装修等的法律制度，徽州先民普遍遵守法度，但亦有个别僭越特例。

耕读文化。"耕"为生存之本，"读"是迁升之路，是中国传统农业社会的生存形态，是徽州人改变自身命运的重要途径。"一等人忠臣孝子，两件事读书耕田。"耕读文化是徽州古村落文化中不可或缺的一部分，所以徽州书院、书屋、学堂遍布城乡，家家户户不废诵读。耕读生活作为徽州人的一种理想生活状态，起源于隐逸，是儒家"穷则独善其身"和道家"复归返自然"的人格结构，在中国传统文化中有着很高的道德价值，意味着高尚、超脱，是古代知识阶层陶冶情操的精神寄托。"耕以务本、读以明教"的思想促进了徽州的科甲成就。同时，这种文化普遍提高了村民的文化素质，造就了徽州村落朴素、亲切的风格特色，洋溢着纯朴之风和乡土之情。在耕读文化背景下形成的淳朴的田园式村落是这一时期徽州村落的主要表现形式。由于村落文化景观发展的继承性，田园式村落同样是明清时期徽州村落文化景观的主要特征之一。

徽州休宁为全国知名的"状元县"，现建有"中国状元博物馆"。徽州各县常以"邑小士多"为荣，历代文化名人辈出，如：宋代朱熹、程大昌、罗愿，明代程敏政、汪道昆，清代江永、戴震，近代陶行知、胡适、黄宾虹，等等。

　　徽商文化。雄踞中国数百年的徽商经济，是徽州文化发展和繁荣的坚实物质基础。"天下之民寄命于农，徽民寄命于商"（康熙《休宁县志》），又"大抵徽俗，人十三在邑，十七在天下，其著则十一在内，十九在外"（《弇州山人四部稿》卷61《赠程君五十序》）。徽商，明成化前，主要经营行业有文房四宝、漆木、茶和米谷业，明成化后则转变为盐、典当、茶、木四业。至于其他行业，如粮、布、墨、丝绸、草货、瓷器、钱庄、药、书籍、染料、航运、古玩、酒、干货诸业，徽商几乎无不涉及。明《五杂俎》载：富室之称雄者，江南则推新安，江北则推山右。新安大贾，鱼盐为业，藏镪有至百万者，其他二三十万，则中贾耳。富庶的新安，"盛馆舍以广招宾客，扩祠宇以敬宗睦族，立牌坊以传世显荣"，强盛世家"居室大抵务壮丽"，营造之风盛行。其一，徽商资金投入祠堂、社屋、牌坊、文会、书院、文昌阁、魁星楼、风水塔等家乡公益性建筑，是以振兴家族为目的的。其二，徽商广建园林、豪宅，是以"富而显贵"的方式，体现自身价值。其三，园林宅第为徽商晚年构筑了一个颐养天年的空间，更为子孙备置一份不动产业。其四，徽商为徽州建筑装饰，尤其是"三雕"艺术的形成、发展奠定了物质基础。徽商为徽州文化的繁荣昌盛源源不断地输送养分，而徽州文化的发展又反哺徽商，在其发展中相辅相成，互相影响，使徽商如虎添翼。

　　徽商经济也直接推动了徽州村镇建设。徽州村落的勃兴，功在徽商。据王廷元等人研究，徽商形成于明成化、弘治之际，这时徽商形成的标志性特征都已显现出来。明成弘年间，徽州人从商风习业已形成，结伙经商的现象已很普遍。当时徽州人行贾往往结成规模庞大的群体，其人数常以千计。作为徽商骨干力量的徽州盐商已在两淮盐业中取得优势地位。"徽""商"二字已经相连成词，被时人接受并广泛使用。明清时期，商业资本的增值异常迅速，而与此同时，社会商品流通量的增长却十分缓慢，使得商业资本与社会商品流通之间存在着巨大的差额。在当时的社会条件下，徽商获得的大量商业利润很难在产业上找到出路。于是，与传统封建社会商人一样，徽商只能"以末致财，用本守之"，将大量的商业利润流归故土，这是徽商利润封建化的最根本的原因。由此，徽州地方经济迅速改观，使两宋以前还是比较贫穷的徽州山区"富甲江南"，成为"富室之称雄者"。购置土地，建祠堂，营造园亭广厦，将商业利润转变为封建的土地所有，成为徽商利润封建化的主要途径。明清两朝，徽商在故土大购田地、建祠堂等事例史不绝书。如：明歙县商人鲍钞"初居址湫隘，鸠工拓之。建学士楼，周垣平坦，广余十亩，旁置仓房；继又为堂于其外，规模壮丽，以为宗族宾朋聚会"（乾隆《重编歙邑棠樾鲍氏三族宗谱》卷153）。明休宁商人程维宗"从事商贾，货利之获多出望外，以一获十者常有之，若有神助，不知所以然者，由是家业大兴……增置休、歙田产四千余亩，佃仆三百七十余家。有庄五所，曰'宅积庄'，则供伏腊；曰'高远庄'，则输二税；曰'知报庄'，以备军役；曰'嘉礼庄'，以备婚嫁；曰'尚义庄'，以备凶年。其各庄什器仓廪、石坦垣埔，无不制度适宜。又于屯溪造店房四所，其屋四十七间，以居商贾之货。故税粮冠于一县……"（休宁《率东程氏家谱》12卷）。明徽商汪明德"事商贾每倍得利……他如助父兄筑圩、开田、通渠引水，皆有经久良法。修砌周围石路，架桥梁以便往来，不少吝焉……晚年于所居之旁，围一圃、辟一轩、凿一塘，以为燕息之所。决渠灌花，临水观鱼，或觞或咏，或游或弈，盖由田连阡陌、囊有赢余，而又有子能继其志而后乐斯乐也"（《汪氏统宗谱》卷42）。清康乾间，祁门汪希大"长乃服贾，至中年寄迹芝山鄱水间，渐宽裕。自时厥后屡操奇赢。由是建广厦、市腴田，俾后之子孙得以安居而乐业者"（乾隆《汪氏通宗世谱》卷4）。清乾嘉年间，婺源汪道祚"冠年求赴吴楚经营，生财有道，逊让均平，创置田产，以起其家"（乾隆《汪氏通宗世谱》卷48）。清嘉庆时，绩溪章江"自幼单身外贸，积蓄成家，广置田庐，以贻后嗣"（《绩溪西关章氏族谱》卷24《家传》）。

徽商输金故里，使得明清时期徽州村落盛极一时。家谱志书有许多有关当时村落盛况的记载。徽州"每逾一岭，进一溪，其中烟火万家、鸡犬相闻者，皆巨族大家之所居也。一族所聚，动辄数百或数十里"（光绪《石埭桂氏宗谱》卷1）。"今寰内乔木故家相望不乏，然而族大指繁，蕃衍绵亘，所居成聚，所聚成都，未有如新安之盛者。"（《重修古歙东门许氏宗谱》）。歙县昉溪"在城北四十里，平畴沃壤不啻数千亩，四山环合如城，第宅栉比鳞次，皆右族许氏之居焉"（《新安歙北许氏东支世谱》卷5）。歙县桂溪"望衡对宇，栉比千家，鸡犬桑麻，村烟殷庶。祈年报本，有社有祠。别墅花轩与梵宫佛刹，飞甍于茂林修竹间，一望如锦绣。而文苑奎楼腾辉射斗，弦诵之声更与樵歌机杼声相错"（歙县《桂溪项氏族谱》）。许承尧在《歙事闲谭》中摘录了清康熙年间歙人程庭的《春帆纪程》描述的歙县村落的盛况。《春帆纪程》云："徽俗，士夫巨室，多处于乡，每一村落，聚族而居，不杂他姓。其间社则有屋，宗则有祠……乡村如星列棋布，凡五里、十里，遥望粉墙蠹蠹，鸳瓦鳞鳞，棹楔峥嵘，鸱吻耸拔，宛如城郭，殊足观也。"程庭，字且硕，号若庵，祖籍歙县岑山渡。程庭自其祖父起，已侨寓扬州。一位侨居城市多年的人回归故里，叹称家乡村落"宛如城郭",可见当时徽州村落是何等的辉煌。盛世时期的徽州村落规模一般都比较大。"徽宁多大族,族大者率万千人,少亦百十计。"(宣统《绩溪上庄明经胡氏宗谱》)。"殊不知吾徽有……千百户乡村,他处无有也。"(《歙事闲谭》卷18《歙风俗礼教考》)。黟县屏山村当时有"三千烟灶、五里长街"之称,鼎盛时期,全村人丁1000多,有12条街、60条巷、24眼井、400多幢成套民居。

可见,处"万山环绕之中,川谷崎岖,峰峦掩映,山多地少"的徽州,明清时期已有"星罗棋布、远近相望"的"千百户乡村",徽商的商业利润对村落发展起到决定性作用。

同理,徽商的衰落也势必导致徽州村落的衰败。徽商利润是明清时期徽州村落存在、发展的经济支柱,徽州村落兴衰与徽商发展密不可分。据王廷元等研究,徽商的衰落是从徽州盐商的失势开始的。道光十二年(1832),清廷废除纲法,改行票法,徽商从此丧失了他们世袭的行盐专利权。而清政府迫于财政困难,又严追他们历年来积久的盐课,更使许多徽州盐商因之而破产。徽州盐商向来是徽州商帮的中坚力量,他们的失势使得整个徽州商帮的势力大为削弱。

西方列强的侵略给予徽商发展又一沉重的打击。由于洋纱、洋布、洋颜料以及南洋木材的进口日增,徽州布商、木商的生意大受影响。钱庄、银行业的兴起又使徽州典商丧失了在金融业中的原有地位。五口通商后,徽州茶商和丝商一度兴旺,但好景不长,捐厘课税不断增加,削弱了我国茶叶和生丝在国际市场上的竞争力,洋商又乘机操纵市场。光绪中叶,徽州茶商和丝商难以支撑。

太平天国时期,徽商的损失极为惨重。一方面,当时长江中下游地区成了主要战场,而长江中下游地区是徽商重要行商地区之一。由于长江运道受阻,沿江贸易不能正常进行,致使"向之商贾今变为穷民,向之小贩今变为乞丐"(《新增经世文续编》卷43)。这些商贾小贩之中自然有许多徽州人。另一方面,徽州向来是鲜遭战祸的地区,但这时却成为太平天国起义军与清兵激烈争夺的地带。战火蔓延徽州所辖各县,战事艰苦、激烈。据周晓光等人研究,太平天国时期徽州商帮受到的强烈冲击主要表现在:首先,徽州财货以及徽州资本遭受巨大损失。徽州向有"家蓄资财"的风俗,徽州被人视为东南首屈一指的"富郡",其金属货币收藏量之大是重要原因。但战争使徽州"全郡窖藏"为之一空,徽商财富遭到巨大损失,许多商人因此而陷入破产的境地,甚至是"日食之计,一无所出"。其次,徽州士民以及徽商人员遭受重大伤亡。最后,徽州城镇、村落遭到

徽州

015

重大破坏。战争冲击了徽州的家园，徽州一府六县呈现一片凋零的景象。绩溪文人周懋泰（阶平）在《重有感》一诗中泣叹："乱后返乡园，蹂躏不堪述"。昔日辉煌的村落遭受战争的极大破坏，如绩溪的上川胡氏宗族"嘉道时，人口五六千，居户鳞次……继经粤寇，族人逃亡者十之七八，居室大半遭毁，迩来虽生养经营四五十年于兹，而四郊犹多残址，远不如嘉道时矣"（宣统《绩溪上川明经胡氏宗谱》）。从歙县潭渡太史黄崇惺的《重订<潭滨杂志>序》中，可以看出宏丽的潭渡当年遭兵害，几乎受到毁灭性的破坏："潭滨者，黄氏所居村名，亦谓之潭渡……至前明而簪绂特盛，及国朝而益炽，文献之迹，详于往牒矣。若夫风俗之粹美，室庐之精丽，皆他族所罕俪。兹编所记，虽若琐屑，然承平丰乐之景象可想见也。乾隆以后，故家巨室亦稍稍替矣。然旧德犹在，闾井晏然，以崇惺儿时所见，犹然一乡望族也。自咸丰庚申粤寇陷郡，潭渡距城近，被兵尤酷，寇退而里人之丧于疾疫者与槁饿者白骨相望，而不得棺椁以葬，丁男之存者十无二三，又多客游不能遽归。里门八角亭既毁于火，而祠庙之仅存者率穷漏朽蠹而莫能葺，亭馆林木皆摧之以为薪，而万金之宅毁而鬻之，仅以易数石之粟，荆榛塞于衢巷，颓垣败壁，过者为之惴栗，盖于今十有余年……"

徽商的衰落和太平天国时期战争的重创，使得徽州村落陷入衰落、萧条之境。晚清以后，徽州村落又经历了若干个重要历史时期。进入20世纪八九十年代，徽州村落又迎来了新的机遇，黟县西递、宏村是它们的代表，两村于2000年被列入世界文化遗产名录，徽州传统村落再次受到世人瞩目。

从中原士族三次大规模南迁至晚清，相隔千百年。徽州村落经历了形成期、稳定发展期，走向鼎盛。由于徽商的衰落、太平天国时期战争的打击，徽州村落盛极而衰。徽州村落发展的阶段性特征可从徽州区呈坎、歙县棠樾，休宁县溪头，黟县南屏、西递、宏村等目前仍保存较好的村落得到证实。

第四节　徽州聚落建设与生态文化

每一个徽州古村落，都历经数百年发展演变而形成规模，在发展演变中，始终都共同遵循着朴素的生态文明规律，所以保证了村落的持续良性发展。

按照生态学观点，聚落环境应作为一个有机的生态系统来考察。聚落在其生成、发展过程中，依靠其适应性与其生存背景——生态环境协调共生。生态适应，实际上就是生态系统通过自我调节，主动适应环境的动态过程。只要环境变异程度在该系统适应能力的极限范围内，系统总能保持动态平衡，从而协调发展。聚落生态环境包括自然生态（自然环境）、社会生态（社会环境）和已有的人工环境（建成环境）。传统的乡土聚落正是在对这三类环境系统的不断调适中得到传承和发展。

其一，遵从顺应自然生态环境。聚落选址因势利导，唯变所适。"唯变所适"实质上就是适应实际情况的应变思想。河流、河口易于形成港口，成为交通枢纽，盆地边缘坡地最适宜聚居落村。黟城盆地是黟县最大的盆地，总面积90km²，不仅县城碧阳镇位于该盆地，黟县现在保存较好的大村落不少也位于其中。徽州首县歙县的平地主要分布在休歙盆地，分属练江谷地和渐江—新安江谷地两部分。除休歙盆地外，徽州还拥有一系列大小不等的山间盆地、山间谷地以及山前冲积扇。盆地边缘往往形成大型村落，溪流谷地形成小型村落，河口渡口则形成集镇。

在聚落格局中，主要街巷与道路、中心场所、村落地标等共同构成了聚落形态构架。徽州村落中，虽然街巷交错纵横，数目甚至达几十条上百条，但主要街道脉络却比较清晰。它们多由溪流、地势、村落主要出入口所限定。如呈坎村由于河流和坡地的影响，形成与河流平行的前、中、后三条主街。而几条主要街道往往决定了村落未来扩展的趋势。居民增建房舍必定与村落的道路系统相适应。许多宅院边界不甚规则，如宏村承志堂侧厅前别致的三角形水院，主要原因就是宅院必须适应巷道曲折的线型。同样，村中的一些中心场所，如祠堂、晒场、桥廊、井台等，长期以来已成为村民心目中交往、集聚的公共场所。一般说来，聚落发展不至于削弱这些场所的作用，相反受其影响的可能性更大。如祠堂往往成为村落或组团的中心，而在聚落中起地标作用的物事（建筑物和非建筑物）历来是村民保护的重点，如牌坊、亭阁甚至巨树等。它们对保持聚落格局持久稳定起着重要作用。"人之居宅，大须慎择"，古人为了慎择居处，在长期的实践中形成了较为系统的"择地"准则，"择地"准则充分体现了中国传统的人居环境观。"天人合一"的整体观念、师法自然的哲学思想、崇尚和谐的理想境界、趋吉避凶的基本原则、唯变所适的辩证思想，是中国传统的人居环境观的基本内容①。为了不侵占良田，许多聚落选择田畴与山峦

---

① 韩增禄. 中国建筑的文化内涵 [J]. 自然辩证法研究, 1996, 12（1）: 22-27.

之间的坡地而建，住宅依地势随高就低布置。为节约用地，户与户间距非常小，从而形成许多宽仅数尺的窄巷。

徽州村落的形成，除地理环境、风水追求等因素外，宗族意识是主要支配力量。从呈坎古村落的形态来看，前罗家庙、后罗家庙、罗东舒祠、前罗长春社等是村落的核心，居首要地位。住宅则是围绕这一核心进行组合。罗氏自唐末由江西迁来之后，按罗盘八卦对村落进行大规模的改造、组合，并突出左祖（即在村左建家庙宗祠）右社（即在村右建祭祀土地神的社屋），将村庄定位于藏风聚气的最佳位置。整个村庄坐西向东，以避肃杀之气，迎春阳之和。

其二，保护山林，重视绿化。徽州村落十分重视植树绿化，认为草木繁而气运昌。徽州古村，无不生长着古树名木，如歙县瞻淇、昌溪，婺源虹关、晓起、溪头等，至今村中仍有成片的数百年樟树林，还有珍稀古木红豆杉、银杏等。再如歙县棠樾，旧时村中各种树林成荫，构成村落景观的一大特色。

为了保护山林，一些村落勒碑刻石，永禁砍伐林木，以警后世。黟县西递上村，群山环抱，形同燕窝，风景优美，站在村口眺望，有一山如同燕子展翅向窝中飞来。在形同燕窝的西递上村，至今保存有 3 块禁碑，其中两块嵌在祠堂前的墙壁上，另一块散放在一户村民门口。3 块禁碑是清嘉庆十六年（1811）由村中族长等人联名向县府禀告，并由县府立碑严禁开山取石，乱砍滥伐。祁门环砂村保存的"永禁碑"阐述了乱砍滥伐的危害性，并制定了多项奖惩措施。"永禁碑"于清嘉庆二年（1797）立，碑文分上、下两部分，上部分为当年祁门县正堂赵敬修的亲笔批示，下部分为立约正文、所禁四至界限和立约人程加灿等 22 人的姓名。

禁止破坏山体。黟县蕴藏有较丰富的煤炭资源，所谓"六都地方，四面皆山，山多产煤"（同治《黟县三志》卷 11）。产煤之地吸引许多人前来开采，由此造成环境的破坏，招致全县士绅的强烈反对，认为开挖之举有伤地脉龙骨，有碍风水坟茔。官府颁布禁令严行禁止。清乾隆年间，黟县知县亲颁《保县龙脉示》："县龙自发脉以至入首，其中前项等处地方并南北两向有关县龙之处，俱永远勿许开窑挖石土"，违者"从重究处"。清嘉庆十年（1805），黟县知县颁示的《禁开煤烧灰示》指出，"（黟）邑境山环水抱，生齿日繁，生计亦裕。间值歉岁，尚义成风，亦多周恤，皆由地气完固，故民风不至浇漓。一经开煤，烧一山之灰，用两山之石，山多被凿，地脉重伤。甚或开挖之处，逼近坟茔，更于土俗风水有碍。为此，预立明示，永行禁止，以全地脉，以保民命，以安恒业，以息讼端"。绩溪龙川胡氏宗祠中，也立有一方禁止开山毁林的禁碑。此外，还有禁渔等保护野生动物的规定，如婺源县晓起村设有"养生河"。

古时徽州出于风水考虑对山场、林木的保护，客观上保护了徽州的生态环境和大量的植物资源。许多村落至今仍保存着数百、上千年的古树，这些古树已成为徽州村落悠久文明历史的见证。理想村落环境选择和环境的保护充分反映出古时徽州人具有强烈的师法自然、天人合一的哲学观念。

其三，营造"桃花源里人家"，或"全村同在画中居"。

徽州田园式的村落很早就被誉为"桃花源里人家"或"锦绣江南第一村"。黟县西递村的原始形态保存完好，村中建有西园、东园、百可园等。从高处远眺西递，可看到村落四面环山，东西长约800m，有3条溪流从村北、村东流经全村后在村南会源桥处汇聚，并以敬爱堂、追慕堂为中心，沿前边溪、后边溪呈带状布局。村中鳞次栉比的古民居布局状似船身，村口高大的乔木和原有的13座牌坊好像船上的桅杆，村落四周的百亩良田簇拥着整个村庄，使得整个西递恰似一艘停泊在宁静港湾里的巨轮。村内现存的明、清古民居有124幢，祠堂3幢。道路、水系均维持原状，正街、横路街和40多条巷、弄以及特有的青石板路都得以保留，生态良好，堪称徽州古村落中的典范——"桃花源里人家"，从而被列入了世界文化遗产名录。

徽州区唐模村沿溪建村，充分利用村中水系来保护生态，村内房舍、古树、亭台、牌坊、檀干园景致连片，一副长联描绘出"画中居"生态全景：

喜桃露春浓，荷云夏净，桂风秋馥，梅雪冬妍，地僻历俱忘，四序且凭花事告；

看紫霞西耸，飞瀑东横，天马南驰，灵金北倚，山深人不觉，全村同在画中居。

第二讲　徽州公共建筑与宗族文化

第一节　祠堂建筑

祠堂体系。祠堂是徽州最重要的公共建筑，不仅数量多，且形成"宗祠（总祠）—支祠—家祠"体系。"徽俗，士夫巨室，多处于乡，每一村落，聚族而居，不杂他姓。其间社则有屋，宗则有祠……乡村如星列棋布，凡五里、十里，遥望粉墙矗矗，鸳瓦鳞鳞，棹楔峥嵘，鸱吻耸拔，宛如城郭，殊足观也。"（〔清〕程庭：《春帆纪程》）宗族聚居，必有祠堂为活动场所，族有总祠、有支祠，一个村庄往往有好几个祠堂作为宗族议事、祭祀与其他活动场所。"邑俗旧重宗法，聚族而居。每村一姓或数姓，姓各有祠，支分派别，复为支祠。堂皇闳丽，与居室相间，岁时举祭礼。族中有大事，亦于此聚议焉。祠各有规约，族众公守之，推辈行尊而年高者为族长，执行其规约"（《歙县志》卷1《舆地志·风土》）。这是徽州宗族聚居村落的主要民俗特征。"奉先有千年之墓，会祭有万丁之祠，宗祐有百世之谱。"（乾隆《绩溪县志》卷首《序》）徽州村落的宗族聚居，使得徽州村落祠堂林立，祖墓累累，家谱频修，其宗族活动也极为频繁。民俗活动丰富多彩，别具一格。如黟县南屏村，村中至今还保留着8座祠堂，大多坐落在村前横店街长约200m的一条中轴线上。其中有属于全族所有的"宗祠"，也有属于某一分支所有的"支祠"，还有属于一家或几家所有的"家祠"。宗祠规模宏伟，家祠小巧玲珑，形成一个风格古雅，展示各姓辉煌的祠堂群。

祠堂功能。祠堂功能主要有二：一是祭祖，祭祀祖先，隆礼报本。每年冬春二祭都在祠堂举行，以冬祭为隆重。腊月下旬，一般都在腊月二十四，族人共聚祠堂举行大祭。正厅中墙上悬挂祖先画像，供桌上围以桌围，放五供和猪、羊等供品。在族长率领下行"二献礼"（初献四拜，亚献二拜，终献四拜），焚香烧锡箔纸钱。然后，全体下跪，宣读族谱。祭祀结束后，由族长训话并报告本族这一年中的大事及本年度收支情况。最

黟县屏山村光裕堂门楼

后是全族大会餐，被称为"族食""分胙"，餐毕发丁饼。二是议事，商议、处理本族大事。族长、族中长辈及乡绅构成宗族的最高领导层，他们在祠堂决定赈济、兴学、修桥筑路、重大庆典、惩办违规者、处理与外族纠纷等重大事务。一旦做出决定，全族即坚决执行。

021

祠堂的兴建在徽州有着特殊意义，它往往是村落兴盛的主要标志之一。据历史文献记载，徽州宗族祠堂源远流长，早在唐宋时期就大量出现。但是，当时徽州的祠堂大多是"家祠"，而不是宗族祠堂。明嘉靖年间，歙县棠樾鲍氏子弟、兵部右侍郎鲍象贤曰："若夫缘尊祖之心，起从宜之礼，隆报本之仁，倡归厚之义，则近世宗祠之立亦有取焉。"鲍象贤所说的"近世"即明朝。赵华富曾经对徽州宗族早期兴建的47座祠堂进行统计分析，47座祠堂中：宋建3座；元建5座；明成化年间建1座，弘治年间建4座，正德年间建2座，嘉靖年间建11座，万历年间建9座，嘉靖、万历年间建2座，天启年间建1座，崇祯年间建2座，明中期建4座，明建而年号不详3座[1]。可见，明朝兴建的祠堂占绝大多数，特别是明朝中期以后建的祠堂最多。建祠堂耗费的资金是可观的，若以歙县许氏《兴建寝室收入总汇》为据，单一座五间寝室所用费用即一万六千三百一十一元一钱六分一厘，而祠前添设栏杆一项工程，就需支银六百零八两五钱一

---

① 赵华富. 徽州宗族研究［M］. 合肥：安徽大学出版社，2016.

分七厘（康熙五十年《祠前改砌溪塝添设栏杆收支总汇》稿本）。可见，没有坚实的经济基础，修建规模恢宏的祠堂是力所不能及的。如宋元祐年间（1086—1094），汪氏六十六世孙叔敖公由唐模迁徙潜口，官至正二品，南宋隆兴年间（1163—1164），孝宗诰赠叔敖公为金紫光禄大夫，遂动议建金紫祠。明永乐至正德年间几次议修，但因资金不足而罢休。万历时汪氏商贾归省力捐，万历壬辰年（1592）开工，历时3载，建成前后七进、长达二百余米规模宏大的金紫祠。岁月荏苒，到了清康熙二年（1663），太学生汪度独资修葺，耗时一载而告修竣，祠宇又新。又如，永乐年间，潜口汪氏族人汪善登科，明成祖朱棣于永乐四年（1406）亲笔敕谕，"特命尔归荣故乡，以成德业"。汪善衣锦还乡之际，苦于财力掣肘，草草了事。弘治年间汪氏出贾致富，为汪善独建"奉政大夫汪公祠"（今司谏第）。同样，呈坎罗氏宗族也极为重视祠堂的兴建。前、后罗氏两族共建祠堂数十座。其中规模宏大、构造精细、装饰华美的有前罗氏的罗氏世祠、贞靖罗东舒先生祠和后罗氏的罗氏文献家庙。明弘治十一年（1498），前罗富商大贾罗弥四和罗震孙叔侄建罗氏宗祠，"规模宏壮，其费烦矣。郡守彭公泽大书其额曰：'罗氏世祠'"（《宗系支谱·罗氏祠堂记》）。据《祖东舒翁祠堂记》碑刻记载，贞靖罗东舒先生祠始建于明嘉靖年间，"后寝几成，遇事中辍"，到了万历四十年（1612）秋又第二次动工，历时5年全部落成。全部建筑"缭以周垣，为一百七十六堵"，占地5亩，气势恢宏、壮观，现仍保存完好，为全国重点文物保护单位。罗氏文献家庙首建于明弘治年间。后罗二十世孙罗正祥"倡建罗氏文献家庙"[《歙北呈坎文献罗氏族谱》（抄本）]。① 此后，罗氏文献家庙几经毁建。明万历九年（1581），再建。万历年间兴建的罗氏文献家庙，经明清两朝多次增建和维修，至今主体建筑仍在。呈坎3座代表性的祠堂均建于明弘治以后，这正是徽商鼎盛之际和呈坎村发展的兴盛之际。

祠堂结构。徽州祠堂大多建于明清时期，通常分为天井式和廊院式两类，基本为三进布局，采用了与民居建筑类似的砖木式结构。

第一进为"仪门"，或称"门楼"。仪门一般面阔五至七间，进深两间，为歇山式建筑，由大门和门厅组成。数十根粗大的立柱和月梁组成了大门的主体结构，屋檐出挑达一米多，形成高翘的大翼角，犹如凤凰展翅欲飞。因此，徽州宗祠的门楼又被称为"五凤楼"。平时，宗祠只开中门

---

① 赵华富. 徽州宗族研究［M］. 合肥：安徽大学出版社，2016.

外围的栏栅门和侧门，有重大宗族活动举行时，才会将仪门打开。秦琼和尉迟恭的形象是仪门上最常见的门神画像，在民间他们一直被视为"保护神"。穿过门楼，就是天井，天井雨道多用石板铺设。雨道平时禁止人走。只有宗族中德高望重的长者在举办重大活动时，才能从仪门进入，跻上雨道，然后走上正厅。天井两侧一般会各植一棵柏树，或者是桂花树，寓意宗族代代兴旺富贵。规模较大的祠堂，天井两侧的围墙边建有回廊，既便于宗族活动时避雨挡风，还能在举办酒席时在这里摆桌，族中人依长幼尊卑于廊下进餐，以增族谊。

第二进为"享堂"。作为处理宗族大事和祭祀祖先的场所，它是宗祠十分重要的组成部分。享堂一般建得要比天井高几级台阶。

第三进为"寝楼"，或称"寝殿""寝室"。它用于供奉宗族祖先的牌位，也是宗祠的核心部分。在寝楼布局上，人们将祖先牌位及供桌靠后墙，前面为族人行跪拜礼留出较多空间。从享堂到寝楼，还要再上几级台阶。整座祠堂，从仪门到寝楼采取逐步向上、由低到高的空间序列。这样处理，一方面是为了营造庄严肃穆的气氛，另一方面是为了显示尊崇祖先的礼制。

祠堂的平面型制采用以享堂和寝楼为核心，并在其形成的中轴线上，对称布置厢房、冥室，以及天井、庭院等次要部分，这种轴线明确、对称方正、主次分明的布局方式，正是宗法观念的具体体现。家族之中，族人各守长幼尊卑的等级名分，行事和座次等礼仪形式也必依主次先后，循规蹈矩，不得僭越。此外，男尊女卑、阳贵阴贱、左尊右卑等一系列等级观念也体现在祠堂内部空间划分上，如郑村郑氏宗祠、忠烈祠，棠樾的鲍氏宗祠——敦本堂和清懿堂。祠堂内部装饰上极尽雕饰铺张之能事，精镂细刻，雕梁画栋，精美雅致，尽显奢华，突出了徽商荣宗耀祖、昌盛宗族、博取功名的特性。

祠堂实例：

徽州区潜口金紫祠。有"金銮殿"之称的潜口汪氏金紫祠，据传是模仿北京故宫保和殿而建的，规模宏大、气势壮观，有"中国民间第一祠"之誉。汪氏为徽州望族，该祠于宋隆兴年间赐建，明正德年间（1515）迁于现址，后来在嘉靖和万历年间又有过扩建，1666年、1936年曾二次大修。该祠坐北朝南，进深197m，通面宽25～31m，营造气势宏伟壮观。整个建筑群沿中轴线对称布局，由南至北依次为：牌坊、三源桥、棂星门、戟门、碑亭、仪门、露台、驰道、回廊、享堂、寝殿。寝后配有坐西朝东之汪华公庙，为祭祀汪氏先祖越国公汪华而建。现存建筑为金紫祠坊、戟门、碑亭、后寝及汪华公庙部分建筑，其他建筑遗址尚存。祠前有一座四柱三间石坊，上刻"宋敕建"及"金紫祠"醒目大字。自建成以来，金紫祠历经沧桑。1950年起为潜口粮站使用，已于2013年修复重建。

徽州区呈坎贞靖罗东舒先生祠。呈坎罗氏于明弘治戊午年（1498）建起两座总祠及各支支祠。众多祠堂中，尤以罗东舒祠堪称杰构。罗东舒祠全称为"贞靖罗东舒先生祠"，系前罗支祠，始建于明嘉靖年间，坐落在呈坎村北首，坐西向东，面灵金山，临潀川河。祠堂按文庙格局兴建，有棂星门、左右碑亭、仪门、两庑、甬道、左右丹墀、露台等，占地面积达3300m²。北侧有厨房、杂院，南侧有女祠。整个祠堂分前、中、后三进，五层山墙，层层升高，显得气势宏伟。第一进为仪门，第二进为享堂，堂上匾额为明代著名书法家董其昌所书。出享堂，过天井，第三进为寝殿——宝纶阁。宝纶阁为11开间两层楼阁，系全祠精华。宝纶阁前廊石柱，四面向内凹进，柱基石为16角形。廊前沿及台阶两侧用26块青石护栏，栏板精刻各种图案，刻工细腻，疏密有致。檐角、斗拱、梁头、柱、平盘斗等构件均雕有各种精致的云纹、花卉图案，令人目不暇接。梁柱和额枋上的木构彩画吸收了波斯、阿拉伯等国的几何工艺图案，形成具有江南特色的"包袱锦"图案，精美典雅，无一雷同，至今仍惊艳如初，令人称奇。从左右各32级木楼梯上楼，楼上也是11开间，12柱并列。屋顶阁栅外露，外衬雕花水磨青砖。屋脊南北两端各置一只哺鸡兽。凭栏而望，对面享堂顶部青瓦鳞次栉比、苔藓斑驳，远山近水尽收眼底，令人心旷神怡。阁楼珍藏有历代圣旨、黄榜、诰封等恩纶，故名"宝纶阁"。宝纶阁以巧妙的结构、精致的雕刻、绚丽的彩绘，集古、雅、伟、美为一体，堪称明代古建筑一绝。女祠坐东向西，正好与男祠相对。女祠长17.55m，宽9.25m，分上下两进，中间是天井。修建女祠，显示了呈坎罗氏对祖妣孝道之重视。

绩溪龙川胡氏宗祠。胡氏宗祠建于明嘉靖年间，坐北朝南，前后三进，建筑面积达1146m²，精彩绝伦的木雕是祠内一绝。宗祠首进是一座22m宽的五开间高大门楼，其雕刻是以历史戏文和龙狮相舞为主体的图案构成，分别是"九狮滚球遍地锦""九龙戏珠满天星"。中进为正厅享堂，乃是族长举行祭典的地方。它由14根直径166cm的银杏木圆柱支撑，柱基采用精巧的枣木雕刻成莲花瓣托、架着大小54根冬瓜梁，结构为抬梁和穿斗式相结合，显得威武壮观。正厅的每根屋梁，两端皆有椭圆形梁托，梁托上雕刻着彩云、飘带，中间分别镂成龙、凤、虎，楔上镶嵌片片花雕，连梁钩均刻有蟠龙、孔雀、水仙花、万年青，仰首凝望，玲珑别致。

正厅两侧和上首的花雕更是别具一格。两侧各 10 扇落地隔扇，以"出淤泥而不染"的荷花为主体图案，花形千姿百态，无一雷同。更令人喜爱的是花中有物，物中有景。荷花在池水中荡漾，或微波粼粼，或浪花朵朵，花群之中，有鸟翔蓝天，鱼潜水底，鸭戏碧波，还有蛙跃荷塘，鸳鸯交颈，把整个荷塘画面描绘得生动逼真，妙趣横生。正厅上首一排落地窗门的花雕却是一幅"百鹿图"，衬以各种山光水色，东南西北方的竹木花草，各种形态的梅花鹿在这里自如生活，有的悠悠漫步，有的受惊疾奔；有的饮水溪畔，有的口衔灵芝；还有的幼鹿吮乳，母鹿抚舐，真是绘声绘色，惟妙惟肖。登上台阶，来到古祠后进的寝楼，一排排落地窗门全是花瓶雕刻的世界，有六角、八角、半圆、菱形、大口、长颈等各种形状，精致可爱，瓶口刻有梅、兰、竹、菊、牡丹、玉簪、海棠等四季花卉，雕工精湛。

婺源汪口俞氏宗祠。俞氏宗祠建于清乾隆年间，为中轴对称三进院落，由门楼、享堂、寝堂三部分组成，占地面积达 665m²。在宗祠内部，地面由青石板铺成，梁枋、斗拱、封檐板、脊吻等处均巧琢雕饰，有大、中、小各种形体和图案 100 多组。门楼被称为"五凤楼"，楼内置一对木质"抱鼓石"，甚为罕见。门楼雕刻繁复，有"万象更新""双凤朝阳"和"福如东海"，综合采用了浅浮雕、深浮雕、透雕等手法，十分细腻精巧。天井廊庑上的雕刻则以卷云花草、亭台楼阁、小桥流水为内容，层次分明，形态逼真，立体感很强，犹如美丽的园林画卷。

婺源黄村百柱厅。百柱厅位于婺源县古坦乡黄村，又名"经义堂"，俗称百柱宗祠。其建于清康熙年间。祠堂为砖木结构，由庭院、门楼、正堂、后堂、后寝等组成，面积达 1200m²。正堂中央悬挂清朝文华殿大学士张玉书所题"经义堂"匾额，大梁上有"鳌鱼吐云""龙凤呈祥"等图案，雕工十分精美。四个石基深刻"鹭鸶戏莲""凤戏牡丹""仙鹤登云""喜鹊含梅"纹饰。宗祠的月台、重门等建筑结构，有别于其他同类宗祠，是明清过渡时期徽派建筑典范的存世孤例。

祁门渚口"贞一堂"。贞一堂为倪氏宗祠，坐北朝南，占地面积达 1267m²，有屋柱 108 根，取"三十六天罡星、七十二地煞星"之意，以示世系绵延流长。祠堂大门旁有一对"黟县青"制成的抱鼓石，雕有"龙凤呈祥""麒麟送子"等图案。步入大门后为祠堂前进，左右有两厢房，中为通道，遇节日或庆典，人们就在前进搭台演戏。中进正厅为整座建筑的主体，有木柱 10 根，需二人合抱。贞一堂用料精良，规模宏大，雕刻精美，被誉为"徽州民国第一祠"。

南屏祠堂群。南屏村最具特色的当属祠堂群。至今村中从横店到真公

025

厅约200米的轴线上还保留着8座代表不同宗族的祠堂。据《南屏叶氏族谱》卷1《祠堂》记载，南屏叶氏自明成化年间开始建造祠堂。叙秩堂即建于明成化年间，为南屏叶氏宗祠，三进五开间，规模宏大，营造精细，曾为电影《菊豆》老杨家染坊拍摄场地。奎光堂建于明弘治年间，占地约2000km²，端庄轩敞、典雅大方、气度雄伟，是现今南屏村保留完好的8座祠堂中规模较大的一座。南屏村叶氏更多的祠堂建于清代，明代建造的祠堂在清代也得到了多次修复，如建于清康熙年间的尚素堂，康熙二十五年（1686）的仪正堂，乾隆三十五年（1770）的永思堂、德辉堂，乾隆三十九年（1774）的钟瑞堂，乾隆五十五年（1790）的敦仁堂，嘉庆七年（1802）的继序堂，嘉庆十五年（1810）的念祖堂等。南屏村程姓族人在村内曾先后建有7座祠堂，其中以约建于清乾嘉年间的宏礼堂最有名。宏礼堂现改名为程家祠堂，坐落于南屏村西边的程家街，规模虽不算大，却因石雕和木雕艺术的精美而远近闻名。

歙县棠樾村男祠与女祠。棠樾牌坊群西端有两座祠堂，一为鲍氏敦本堂，俗称男祠，又称万世公支祠。它始建于明代嘉靖四十年（1561），清乾隆五十六年（1791）重修。坐北朝南，三进五开间，进深47.11m，面阔15.98m，砖木结构，门厅为五凤楼式，大门前有石坦，坦上摆六角形旗杆磴5对，靠近祠堂有石阶数梯，皆为青石板路面，祠门两壁呈八字形墙，满饰砖雕。整座祠宇结构简洁，工艺精湛，布局合理，气势恢宏壮观，具有浓厚的徽州古建筑特色。另一为鲍氏姆祠，又名清懿堂，俗称女祠。清懿堂一改"女人不进祠堂"的旧例，为国内罕见。整座女祠坐南朝北，与男祠相反，进深48.4m，面阔16.9m，五开间、三进构成，依次为门厅、主厅、寝堂和享堂，整座建筑以硬山式高低错落的马头墙外观为主要特色，唯有后进部位为歇山式阁楼。石制柱础、龛座、栏杆、抱鼓石，砖制八字墙，木制雀替、梁柁、外檐柱撑等，皆施精细雕刻，典雅细腻，柔中透刚，玲珑剔透，精美绝伦。后进寝堂天井为深池式，两旁有廊庑，沿石阶通享堂。寝堂龛座上，供奉鲍氏女主牌位，将棠樾鲍氏贞节烈女按世系顺序排列，让后人顶礼膜拜，四时祭祀，奉为楷模。

第二节　社屋建筑

社屋是古时祭祀土地神、谷神的一种特殊公共建筑。徽州区呈坎村长春社，是目前保存较为完好的社屋遗存，面阔18m，总长36m，门前广场开阔，是村民祭祀集会的场所。长春社坐落于村南端，始建于宋，现存前进部分为明代遗构，后进部分为清代改建。从长春社看，社屋形制与祠堂相近。20 世纪 90 年代，美国友人安思远先生捐巨资对其进行了全面修缮。现为省级文物保护单位。

徽州区呈坎村长春社

社有社庙，民间称为社屋。古徽州各村多建有社屋，举办社祭、迎神庙会等活动，如一都黟县十月初一"出地方"、五都田川正月初八做玉帝会、六都西递闰年闰月的观音会、七都渔亭六月初六游太阴、十都横川正月十八"五关菩萨会"等。其中，屏山村则以春、秋两季的"社祭"而闻名全县。民间素有"五都清明九都社"一说，九都社指的就是屏山村的社祭活动。乡间民社，各有其名，如桃源社、长春社等。屏山村组建于明英宗天顺八年（1464），迄今已有 500 多年的历史。屏山社屋建于村东三姑峰麓的冈阜上，距真元道院不远，高大宽敞，并开二门，前后两进，内供社神。徽州社祭及迎神活动，其内容、仪式虽不尽相同，却都表达了徽州先民祈福迎祥的共同心理。

第三节　书院学堂建筑

"虽十家村落，亦有讽诵之声"，古代徽州读书风气盛行，书院学堂遍布城乡，徽州因而成为"东南邹鲁"。据考证，建于宋景德四年（1007）

的绩溪县上庄镇宅坦村桂枝书院，是安徽省最早建立的书院，现遗址尚存。徽商"贾而好儒"，把读书与做官、经商融为一体，注重在家乡投资教育，建义学，修私塾，培养族内弟子。徽州历史上人才辈出，各地流传有不少科第佳话，如"连科三殿撰""十里四翰林""父子尚书"等，都是书院的贡献和硕果。歙县紫阳书院、竹山书院，休宁还古书院，宏村南湖书院等都是徽州知名书院。为了营造良好的学习环境，徽州书院多选址风景优美之地，多设廊亭、回廊、美人靠，莳花种桂，颇具园林气息，文化氛围浓厚。

歙县雄村竹山书院。竹山书院位于歙县雄村，系清代雄村曹氏族人讲学之所。当初建造书院时，人们为防止江水冲刷临江而建的书院的基脚，遂沿江岸修起了一道数里长的堤坝，形成城堞。古时坝上遍植桃花，故名桃花坝。每逢春日，繁花竞放，隔河相望，犹如一片红云，遂称"十里红云"。曹文埴《石鼓砚斋诗钞》有云："竹溪有桃数百株，花时烂漫如锦，春和景明，颇堪游眺……"清乾隆二十四年（1759年），由曹文埴的祖父、曹振镛的曾祖父曹干屏先生所建的竹山书院终建成。这是雄村现存最为完整的古建筑了。跨进书院大门，厅堂宽敞明亮，中壁悬蓝底金字板联一副："竹解心虚，学然后知不足；山由篑进，为则必要其成。"该联是曹文埴所撰，意在勉励后学之士。书院的主体厅堂进门是前廊，隔天井为三开间后堂，这里回廊相连，曲径通幽。右廊有一侧门，通往内院。内院当年既有教室，也有先生的书斋居所。廊尽头，有一厅院，名为"清旷轩"，是一典型的徽派建筑。据说当年雄村曹氏立有族约：凡曹氏子弟中有中举者，可在庭院中植桂一株，所以清旷轩又被称为"桂花厅"。虽然昔日丹桂遍植的景观早已不复存在，但所幸清旷轩内，雄村乡贤曹学诗所撰的《所得乃清旷赋》木刻吊屏，书法家郑莱所作的"所得乃清旷"小篆木刻匾额，以及摹刻颜真卿手书"山中天"石碑，依然基本保存完好。清旷轩的东面，有一座名为"百花头上楼"的小楼，该楼因四面长窗落地，诸般景色皆可收入眼底，故而又被称为"四面楼"。在科举没有废除时，凡书院中有进学中举者，文会就在这里为之摆酒庆贺。四面楼的右前方就是文昌阁，筑于高台之上，平面呈八角形，俗称"八角亭"。阁楼设攒尖顶，葫芦形的锡顶在丽日下银光闪闪。8个飞檐下悬着金色的风铃，微风拂过，叮当作响。竹山书院落成后，雄村曹氏果然科甲连绵，培养出父子尚书曹文埴、曹振镛。曹文埴曾官至户部尚书，曹振镛官至军机大臣。据史料记载，仅明清两代，雄村曹姓学子中举者就多达52人，其中还有状元1人，可谓英才辈出，人文荟萃。竹山书院的修建也折射了徽商由富至贵的思想印记。

黟县宏村南湖书院。宏村还保存有许多建于其鼎盛期的建筑，如位于南湖北畔的南湖书院。南湖书院又称"以文家塾"，建于清嘉庆十九年（1814），"规模宏敞，工程浩大，旁有小楼可以俯瞰全湖风景，时见鸢飞鱼跃，生趣盎然。后有'乐彼'之园，植白皮松一株，枝干凝雪，斑驳离奇，其种来自粤东，殊不易得"[1]。书院由志道堂、文昌阁、启蒙阁、会文阁、望湖楼和祇园6个部分组成，另有宽阔庭院等，占地面积约6000m²。

婺源汪口养源书屋。汪口桐木岭巷建有养源书屋，书屋始建于清光绪年间，是专供儿童启蒙教育之所，墙壁上有块石碑讲述了"养源书屋"名字的由来。书屋主人叫俞光銮，自幼父母双亡，但自强自立，且善于经营，在江西做生意发了财，于是回家置办田产。他生了6个儿子，除每个儿子各得应继承的一份产业外，为了光前裕后、勉学奖读，他把多余的产业全部变卖捐资建书屋、办幼学，以养其源，支资不竭。数百年过去，教书先生不在了，学堂里的琅琅书声不在了，但书屋神韵依存，古桂树还如此挺拔，门匾字迹仍清晰可见，未减当年古朴、俊秀之风貌。

黟县关麓村书屋学堂群。"关麓八大家"是少见的联体徽派古民居群，建于清朝中期，曾是一户汪姓徽商八兄弟的住宅。家家有书屋，其中有多处宅名与书学相关，即"安雅书屋""双桂书室""问渠书屋""吾爱吾庐"书斋和"容膝易安"小书斋等。"问渠书屋"取朱熹诗句"问渠那得清如许，为有源头活水来"寓意，用于激励族中子弟读书学习，体现了主人告诫后人需不断学习的良苦用心。

第四节　戏台建筑

明万历年间，歙县知县傅岩在《歙纪》中说：徽俗，最喜搭台观戏。演戏必有戏台，古戏台也就成为徽州重要的文教娱乐建筑。在历代徽商的不懈努力下，徽州一度极其辉煌，经济的繁荣促进了文化的发展，提高了徽州的整体文明素质。因此，徽州城乡遍布着各式古戏台，徽州古戏台遗存最多的是祁门县，许多"布局之工、结构之巧、装饰之美、营造之精"的古戏台被世人称奇。探究古戏台的防火措施，对当今公共娱乐场所的防火安全有着深刻的现实意义。

029

---

① 舒育玲，胡时滨. 宏村［M］. 合肥：黄山书社，1995.

古戏台大多建造在宗族的祠堂内，它们是祠堂建筑的一部分。它们有两种形制：一种是，戏台与祠堂前进合为一体，不唱戏时是祠堂的通道，装上台板就是戏台，这种戏台被当地人称为"活动戏台"。另一种是，戏台也建在祠堂内却是固定的，这种戏台则被人称为"万年台"。这些古建筑群体建造精良，集实用与艺术于一体，反映了古徽州鼎盛时期民间戏剧艺术的真实面貌。

古戏台祠堂的基本平面布局一般为三开间或五开间，约10m，进深三进两明堂（天井），戏台为门厅部分，中进为享堂，后进为寝堂，天井两边为廊庑，部分前进廊庑建成观戏楼，又被今人称为"包厢"。梁架为木结构，外围砖墙封护，内部基本为对称布局，天井作采光通风用，两侧有耳门通街巷。戏台做工讲究，有的台面挑檐，额枋间布满了装饰的斗拱或斜撑，尤其是额枋上雕刻着各种戏文、花鸟图案。两侧看台长廊是由石柱或木柱擎起的，观戏楼饰以精巧的木雕花板及花鸟虫鱼油漆彩画，整个戏台蕴意丰富，构架完美。

祁门县的新安镇、闪里镇一带的古戏台群落能完整地保留至今，在全国也是罕见的，说明了古徽州人极其热爱演剧活动。这些戏台内容丰富，极富地域性特点，不仅可以体现中国古代民间建筑的艺术风格，更体现了几百年前古徽州经济文化的重要特征和乡风民俗。祁门古戏台主要分布在县城西新安镇、闪里镇汪家河、文闪河流域〔歙县、休宁县、婺源县（今属江西）也有个别遗存〕，与江西省浮梁县交界，有一定的区域性。这里旧时"山水掩映、奇峭秀拔、风景绚丽"（康熙《祁门县志》卷1《姚可山序》）。顺水而下，可通达江西鄱阳、九江；北上越岭，即入池州、安庆府地。因此，此处是徽州文化、亚徽州文化、赣文化的交融处，同时也是徽州文化向外渗透的窗口。据调查，祁门县现存的古戏台共有11处：新安镇有8处，即珠林"馀庆堂古戏台"、叶源"聚福堂古戏台"、上汪"叙伦堂古戏台"、李坑"大本堂古戏台"、长滩"和顺堂古戏台"、良禾仓"顺本堂古戏台"、洪家"敦化堂古戏台"、新安的"新安古戏台"；闪里镇有3处，即坑口"会源堂古戏台"、磻村"敦典堂古戏台"和"嘉会堂古戏台"。另外，婺源县有1处，即镇头镇"阳春戏台"。

会源堂古戏台。会源堂建筑气势恢宏，祠堂内的木柱皆需两人合抱，石础刻有纹饰。堂内天井洞开，异常开阔，与一般祠堂的天井不同。严格地说，这并非真正的天井，它不设排水沟，清一色石板铺地，两侧走廊路面由鹅卵石铺筑，十分规整。该祠堂始建于明万历十五年（1587）。会源堂由戏台、享堂、寝堂三部分组成，总面积约600m²。戏台坐南朝北，面积达 97.44m^2，两厢看台及天井面积达 206.56m^2。戏台底座皆空，台面以木柱支撑，上铺台板，为固定式"万年台"。该戏台后壁即祠堂南墙，不设大门，这在徽派建筑中并不多见。据说这种设计是为了方便百姓看戏，人从祠堂侧门出入，不影响演出。戏台前面部分的明间为演出场地，两侧各有一片厢房，为乐队伴奏之处。台前设有石雕栏板，两侧有楼梯与看台相连。戏台正中央顶部有穹形藻井，梁架结构为硬山搁檩式，额枋、月梁、斜撑、雀替等雕饰各种浮雕图案和立体木雕，整个戏台雕梁画栋，装饰别具一格。戏台两侧楹联云："芝山月土歌声澈，竹经风生舞佩摇。"戏台两侧廊式看台前檐柱为方形石柱，柱台上设有菱形斗拱。戏台墙面上各地戏班的信手题壁仍依稀可辨。上自清咸丰三年（1853），下至 1986 年，皖赣两省的彩庆班、长春班、德庆班、四喜班、喜庆班、同乐班、景德镇采茶戏剧团、休宁县黄梅戏剧团等均曾来此演出，尤以清代同治、光绪年间为盛。

黟县西递村原有 3 座戏台：本始堂（即明经祠）前戏台，背倚胡文光刺史牌坊，朝向东北；上厅坦戏台，面对来水，朝向东北；双溪口戏台，背倚前山，朝向西北。这些戏台成为村民重要的文化娱乐场所。

祁门县新安镇珠林村，有一座名叫"馀庆堂"的古戏台。馀庆堂是赵氏家族的祠堂，位于村中心，朝向与村落朝向一致，坐西朝东，建于清咸丰年间（1851—1853）。馀庆堂古戏台台面高 2m，台下用短木柱支撑，台面上铺木地板，戏台的前沿边有一道短小的雕刻栏板，既有装饰效果，又达安全之目的。台下架空，中间是祠堂正门通道。戏台分前台和后台。前台中间是演出区，左右两边各有一个包间，分别是乐队、锣鼓伴奏区。建筑师竭尽一切手段来强调舞台的重要地位，舞台檐口抬高做成"五凤楼"翘角造型，与两侧鼓乐台稍低檐口形成明显的主次对比。戏台正立面制作工艺非常讲究，台前檐梁枋层层雕刻精致，挑檐底装饰有密集蜂巢式小斗拱，显得非常豪华。内外额枋、斜撑、月梁部位均雕刻着各种精巧的人物、戏文、花鸟图案，只可惜这些精美的木雕在后期遭到破坏，人物面部被削平，惨遭毁容。室内天棚装饰也分主次部位。舞台中间演出区顶部正中有一个造型特别的藻井，其他三面为卷棚轩顶。穹窿形藻井犹如巨钟，罩在舞台中心上方。"钟"口是八角形，直径 2.4m，深 1.3m，中间有一个八角形的束腰，顶部是一个八卦木雕结。藻井分成上、下两部分，下部四周均置 32 根"S"形木筋，上部四周均置 24 根"S"形木筋，上部的木筋端头汇聚于八角形井顶，木筋外面用光滑的木板密封。井口、腰、筋、板面均涂以淡黄色油漆。这口藻井的井口、腰、筋尚好，但外封板破损严重。

藻井是我国传统建筑中一种高级室内天棚装修艺术形式，多出现于宫殿、神坛、寺庙等建筑中，或置于庄严雄伟的帝王宝座上方，或置于神圣肃穆的佛堂佛像顶部中央，以烘托和象征天宇般的崇高和伟大。其结构变化无穷，层层上升，形如井状。通常雕镂精细，并施以绚丽彩画。藻井"早在汉代建筑中已有，《风俗通》：'今殿作天井。井者，束井之像也；藻，水中之物，皆取以压火灾也'"①。由此可见，最初的藻井有镇火之意，后来人们发现其有吸音和共鸣的物理特性，因此自然而然地被运用到戏台当中。古代没有扩音器，藻井却能使演员发出的声音聚集、洪亮、圆润、清纯，而不致发散、混杂，所以舞台上的藻井形状做成钟形、喇叭形，井壁采用光滑的木板封闭。古戏台上的藻井集防火、扩音、装饰三种功能于一身，堪称徽州古戏台的核心技术。舞台前方两侧，也就是天井两侧的廊楼，称观戏楼。楼上是贵宾包厢，两边观戏楼外看是三小间，内部却是一通间，内设美人靠，外有几何图形漏空窗棂，美观且不挡视线。人们透过窗棂可观看戏台上的整个演出活动，非常惬意。因此，这个位置常常是当地有名望、有地位的人物和大户小姐观戏之所在。进出观戏楼的通道在舞台的左右两侧，与舞台共用一个后台通道。观戏楼下部是敞廊，考虑到防火、防霉、防腐的需要，前檐采用了两根石柱。据说观戏楼建好之后，人们发现中间木梁因跨度较大而下沉，为了补救，在观戏楼的底下中间部位各加了一根木柱，所以看起来有些不协调。戏台前面的天井地面采用青石板铺砌，四周设置散水及排水沟。廊庑与享堂的地面均采用地砖铺砌，有利于观众区的防火。

馀庆堂四周风火墙、享堂、寝殿皆是徽州风格，但是古戏台木雕、梁柱等都涂刷有彩色油漆，而且舞台挑檐斗拱小而密集，颇具赣文化风味，何以如此？据考证，珠林村地处皖赣交界，是徽文化与赣文化相互交融的过渡地带。馀庆堂戏台是由江西工匠建造的，所以其既有徽州风格，又蕴含赣文化痕迹，成为建筑文化交流的实证。

---

① 王效青. 中国古建筑术语辞典［M］. 太原：山西人民出版社，1996.

第三讲　徽州宅第建筑与居住文化

第一节　民居单体建筑

一、平面形态

徽州民居的内部为楼房形式，基本组成单元有天井、厅堂、厢房、门屋、回廊等。徽州民居住宅一般以中轴线对称分布，正屋一般为一明两暗式的三开间，即中间为厅堂，两侧为厢房（卧室），也有人形象地称之为"一颗印"。三开间的徽州民居，依天井的位置和布局可分为 5 种："凹"字形、"口"字形、"H"型及"日"字形、"昌"字形。但房屋朝向和出入口朝向未必一致。

二、外部特征

1. 高墙围合

徽州的民居最具地方特色与风格，粉墙黛瓦马头墙式的古民居展现了徽派建筑的基本特征。徽州民居多向空中发展，呈立体式结构，主要是由于徽州山多田少、宅基地有限的地理条件所致。明代著名地理学家谢肇淛云："吴之新安，闽之福唐，地狭而人众……余在新安见人家多楼上架楼，未尝有无楼之屋也。计一室之居，可抵二三室，而犹无尺寸隙地。"（《五杂俎·卷 4》）。同时为了防火与防盗的需要，徽州楼房四周专门砌以高过屋顶的砖墙，俗称"风火墙"，墙角略有翘起，呈马头状，故又被称为"马头墙"。房屋内外墙壁均粉之以白色石灰，形成白色粉壁，屋顶覆以黑色小瓦。远远望去，错落有致的徽州古民居，黑白相间，精美绝伦。粉墙黛瓦马头墙，已经成为徽州民居的独特标志。不唯如此，在徽州民居的外墙高处和墙角低处，还分别绘有八仙传说中的神灵偶像和各种吉祥图案；在门楣上方，还辅以高出墙壁的"翚飞式"门楼——一件精美的砖雕艺术品。这就是徽州民居的外观造型。

黟县屏山村有庆堂外观

徽州民居外部造型轮廓比例和谐，尺度近人，一般都是青瓦、白墙，给人以清新俊逸、淡雅明快的美感。除了采用一般中国古建筑的低层、坡顶等形式外，着重采用马头墙的建筑造型。马头墙原来是为了防火，俗称"风火墙"，是实用需要。然而在徽州，由于运用之广、组合形象之丰富，其已形成独特风格，打破了一般墙面的单调，增强了建筑的美感。一片建筑群、一处村落就会形成一组连续、渐变、交错、起伏的马头墙乐章。徽州民居相互紧邻，墙接瓦连，屋宇栉比，形成迷人的村落整体轮廓。青山下、绿原上，田野畔、翠竹间点缀着晶莹洁白、炫人眼目的玲珑楼舍，参差辉映、黑白相间、起伏交错、轻盈淡雅，充分体现了人和自然的统一与和谐。

徽州民居外墙高大，很少装饰，一般只在二层以上的高处开小窗，形成封闭性很强的宅院空间，体现了徽州商贾、仕人强烈的内聚意识，同时也表现了防火防盗的实用功能。与整齐单一的外墙面相反，大门一般均加以重点修饰，显得富丽华贵，外框一般都是用大青石做成的精工细镂的门罩或门坊。这些门罩或门坊紧贴在高大的素墙上，疏密相映，繁简相补，重点突出，体现了主人的志趣、地位和财富。

2. 天井与厅堂

徽州民居的天井，具有承接和排除屋面流水、采光、通风之实用功能。屋面檐口都内朝天井，四周流水从檐口流入明塘，俗称"四水归堂"，是徽商"聚财气""肥水不流外地"思想的建筑外化。天井长宽比一般为5：1，狭长形的天井使得采光效果与一般北方四合院不完全一样：后者院子大，所采基本为天然光；而前者所采光线多为二次折射光，这种光线很少有天然炫光，比较柔和，给人以静谧舒适之感。天井狭小，风沙尘埃很少干扰院内，因此厅堂临院很少设门，厅堂与天井融为一体，人们坐在厅堂内能够晨沐朝霞，晚观星斗。古徽州的《风水歌》曾赞美道："何知人家有福分，三阳开泰直射中；何知人家得长寿，迎天沐日无忧愁。"高大封闭的外墙隔离了自然，但天井又将自然引入。外闭内敞既展现了民居的建筑风格，也折射了商贾、仕人的人生哲理。

徽州古越时为"巢居"，即非常适合山区丘陵地带湿热气候的所谓"高床楼居式"干栏建筑。因中原士族迁入，北方在两汉时已高度发达的单层四合院，即所谓"地床院落式"，没有完整不变地移至徽州，徽州民居实际的空间结构是两者有机结合，形成"地床"＋"高床"＋"天井"的新型"厅井楼居式"民居。这种模式在明初已臻完备，它汲取了院落式民居的特征，住宅主要活动空间在一层，将原来四合院正房和东西厢房合并为正厅和两侧卧房；汲取了楼居式民居的特征，普遍构筑二层，少数三层；汲取了干栏巢居开敞的堂屋和挑台特征，将正中厅堂扩大合并做成半敞式，与天井空间连成一体。

天井空间的四檐一般都坡向内侧，地面用石板垒砌出一方水池，深浅不一，考究的住家还用雕花的石栏把水池围起来。每逢阴雨来临，天井便能将雨水汇聚于井下水池之中且水池大多与村溪沟通，还能提供日常洗涤和防火需要。

徽州的传统民居布局较为方整，多为"天井＋合院"方式。天井连同民居中的一厅两厢、敞开式厅堂，构成了徽派建筑的基本单元。这种"自然—天井—厅堂"一气贯通的半开放式的复合空间，使厅内见院，院内见厅，达到了自然环境同室内环境相互交融的良好效果。从样式来看，天井多分为以下几种：第一种，四面是住宅楼房围成的长方形天井。它的底层是由两组"一厅两厢"徽州古民居单元合围而成，二楼、三楼则由两组厢房与环形"跑马楼"回廊组合而成。此种样式的天井，可视作上、下厅堂的共用天井。第二种，一面厅堂、两侧厢房与一面高墙围成的长方形天井。此种样式多建在宅院入口处，高墙即为房屋的大门开启处，使外界自然环境同庭院有了一个良好的衔接与沟通。第三种，一面厅堂与三面高墙围成的庭院式长方形天井。这类样式的代表是黟县屏山村舒绣文故居的天井，一面厅堂有雕花玻璃门与天井隔开，天井实际成了紧临厅堂的庭院。

第四种，一面厅堂与两面高墙围成的三角形天井。这类样式的代表是宏村承志堂的鱼塘厅的天井。其利用高墙围成的三角形空间，建造出一个注水池。圳水从外潺潺流进，又通过石栏栅流出，池畔设美人靠长椅，可凭栏观鱼，敲棋品茗，酿出一片诗情画意。

宗法制度下的徽州民居，在型制上表现为：以厅堂为中心，厅堂与天井为中轴线，对称布置厢房，平面布局方正，井然有序，厅堂的层高较高，其上不设厢房，以体现上尊下卑。厅堂正中奉祖宗牌位，其下置一桌两椅，为家庭中最尊者位置，其他成员亦按主次分座两侧。厅堂是长辈主持家法、训诫子弟、宣扬家规的场所。族人在起居生活中，"男治外事，女治内事。男子昼无故，不处私室；妇人无故，不窥中门"（司马光·《涑水家仪》）等伦理观念，严格地界定了宅居内部空间范围，以中门为界，前庭是会见男宾之处，后庭为女眷活动之地。

明清时期，徽商足迹遍天下，有"无徽不成镇"之谚。反过来，徽商在外经营必然受到外界文化的影响，徽商回归故里也必然将外界的文化移植家乡，丰富徽州文化。徽州村落中有些民居受近代西洋建筑文化的影响，建筑风格发生变化就是重要的例证。受西洋建筑文化影响的民居活跃了村落的建筑景观，丰富了村落建筑文化的内涵。

徽州建筑受到了迁徙到徽州的中原士族带来的北方四合院的建筑理念影响，庭院围合形成了可以防盗、防潮、防兽的高墙和深宅无外窗的建筑结构。天井的设置可以弥补这种建筑所带来的采光不足的缺陷，使厅堂和厢房获得明亮的光线，同时又为结构紧凑、进深大、出檐深的庭院解决了通风的问题。在高院墙封锁之中，天井带来了一片湛蓝的天空、一个相对开阔的空间，宅院之内敞亮明朗，空气也更为清新。

徽州民居布局格调内向方形，面阔三间，明间厅堂、次间卧室左右对称。围绕扁长形的天井构成了三合院基本单元，三合院平面布局体现了封建制度的制约。古时典制森严，据《明史·舆服志》载，"庶民庐舍，洪武二十六年制，不过三间五架"，反映了宗法伦理的位序的空间观念。"三间五架"显然不能满足徽州"聚族而居"的需要，因此，徽州多以三合院为基本建筑单元组合成不同类型的住宅群体，基本单元一进一进地向纵深方向发展，形成二进堂、三进堂、四进堂，甚至五进堂。后进高于前进，一堂高于一堂向后增高，既反映了主人"步步升高"的精神追求，又有利于形成穿堂风，加速室内空气的流通。各户住宅群体根据血缘的亲疏又形成更高一级的宗族住宅组团，黟县关麓至今仍保存着八弟兄住宅组团。民居是村落最基本的建筑细胞，自明代起徽州民居的造型、色彩、布局等都有着比较统一的格调和风貌，形成了自己独特的建筑体系。

3. 亮点元素

庭园。徽州民居庭院多不胜数。徽州民居庭院大多设置于前庭，也有的设置于楼的两侧或后院。庭院布置灵活，小巧玲珑，布局紧凑。

美人靠。徽州房屋多是二、三层楼，楼上比楼下略高，楼檐外伸，楼层面临天井一周的弧形栏杆，向外弯曲，临空悬置，俗称美人靠。这种建筑结构专为徽州女性设计，供她们凭栏休憩、观景。

屯溪程氏三宅

4. 经典实例

程氏三宅。屯溪老街现存一座明代民居——程氏三宅。它的底层构架采用了抬梁式。人们抬头可见：浑厚的月梁穿入金柱，丁头拱插入大梁两端柱内，与梁平行，支撑梁架。粗大的柱落在等腰八角形石磉上，柱础与木柱之间有木櫍。程氏三宅楼层柱枋间隙处选用芦苇秆编织固定，然后用黄土、石灰和稻糠相拌黏糊。其表面再抹刀麻石灰膏，用以防潮并减轻建筑物的荷载。程氏三宅的 6 号宅采用四列柱到顶，底层在明间左右加两排短柱，分隔成相等四开间。在结构上加的两排柱子，虽只到楼板底面，但通过底层梁枋，将上部荷载变成分力传入地面，既省材又使结构均衡合理。楼层井檐上装活动排窗，外挑的垂莲柱四方抹角，内侧装置飞来椅，柱侧上端插拱两挑，托住檐檩。

程大位故居。程大位是徽州明代珠算大师。其故居坐落在市内前园村，始建于明弘治年间，距今已有 400 多年历史。故居为明代徽州古民居建筑，马头墙，小青瓦，砖木结构。大门为内外门楼，上饰精美的徽州砖雕，门内为天井，晴天可望蓝天白云，雨季可观屋檐雨水汇流，四水归堂。故居为两层，一脊二堂三开间，东西厢房列两边，建筑面积达 500 多平方米。前堂为客厅，立有程大位画像，悬挂六角宫灯，横梁上的"程大位故居"匾额为著名数学家苏步青教授所题。两厢为程大位及家人住房。楼上大厅内陈列有古今中外各式算盘、程大位著作、程氏宗谱及各种珠算资料。在众多展品中，最令人瞩目的是那些形状各异的算盘，大者有 81档，长 1.75m，小者如戒指算盘，长仅 2cm，具有较高的观赏价值和文物价值。故居西侧为"宾园"，程大位号宾梁，故名。园内回廊小径，花草山石，景致幽雅。墙垣窗户均为算盘图案，既具特色，又合于故居主人"珠算宗师"的身份，构思巧妙，为明代民居瑰宝。

休宁县溪头村三槐堂内景

　　休宁溪头"三槐堂"。"三槐堂"俗称"王家大厅"，专用于王氏族人聚会议事和兴办喜事。其原为明万历二十四年（1596）乡举人王经天故宅，因建造时庭院中栽植有 3 棵槐树而得名。建筑群主轴前后原有三进（后进已不存），由门厅、享堂、寝室组成。建筑群两侧配有多处小天井，布置多种辅助用房，功能十分齐全。整个大厅内含 9 个小厅，场面宏大，厅堂宏阔，气势壮观，俗有"金銮殿"之称。据传，由于这组豪宅僭越了明代《舆服志》"六至九品官厅堂三间七架"之制，被人发现后，竟被惩罚性地称为"茅厕厅"。鉴于此，徽州富商们才不得不将自己的住宅营建成小而精的样式，注重装修装饰，通过丰富的乡土艺术语言，巧妙地组合出令人愉悦的视觉形象。

黟县宏村承志堂平面图

宏村承志堂。承志堂位于宏村上水圳，为清末徽商汪定贵于咸丰五年（1855）建造的私家住宅。全宅占地面积约 2100m²，建筑面积约 3000m²，拥有内房 28 间、门 60 扇、木柱 136 根、大小天井 9 处、两层楼房 7 处。设有外院、内院、前堂、后堂、东厢、西厢、书房厅、鱼塘厅，还有打麻将牌的"排山阁"、吸鸦片烟的"吞云轩"，以及保镖房、女佣居室、贮藏室、厨房、马厩、地仓、轿廊、走马楼、花园，并设有活水池塘和水井等，可谓应有尽有，功能齐全。宅内的雕刻十分精美，徽州三雕工艺在此都可以找到精品。全宅建造耗银数十万两，仅木雕表层饰金即用去黄金百余两。全屋木雕由 20 个工匠，辛劳四余载，方大功告成。承志堂可谓目前徽州保存最好、规模最大、功能最齐全的民居，是徽州民居的经典之作、代表之作。另外，建于清康熙三十八年（1699）的"三立堂""乐贤堂"，建于清乾隆年间的"冒华居"，建于清嘉庆二十年（1815）的"德义堂"，建于清道光十五年（1835）的"碧园"等建筑，至今还在向世人昭示着宏村昔日之辉煌。

绩溪上庄胡适故居。位于上庄村后半部西北边的胡适故居，是一座典型的晚清徽派建筑，它占地面积达 1100 多 m²。故居的大门前是一个宽敞

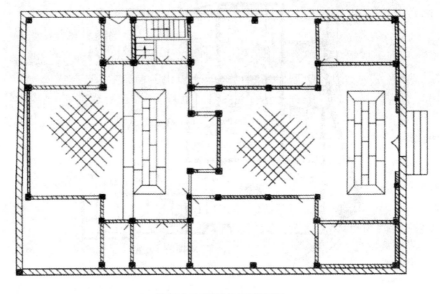

绩溪上庄胡适故居平面图

的用鹅卵石铺成的地坪。胡适的父亲胡传，精通诗文，曾对建筑的装饰提出要求："略事雕划，以存其朴素。"这种审美情趣当然也会在故居上体现出来。故居的大门用水磨青砖净缝砌筑，门的上方有4块砖雕装嵌，五飞砖之上是瓦顶，东西两端发戗翼腾，线条明快活泼。前檐墙的檐下两角，用墨、赭两色绘以山水花鸟，简洁雅致。故居内部装饰以隔扇、窗栏、撑拱和雀替为主。它与一般民居不同的是隔扇、窗栏的兰蕙图采用平地阴刻技法。胡适故居经全面维修，形成一个独立封闭的院落。在故居的各项单体建筑内辟有：故居复原陈列、胡适的家乡教育、新文化运动的领袖、出使美国为国奔波、胡适父母生平简介、胡适的中外朋友、胡适先生像以及胡适研究成果等内容，向世人展现了胡适的一生。

5. 另类民居

乡村佃仆住屋。徽州盛行佃仆制①。在村落选址上，佃仆村庄零星、无规律地分布在大族庄园的边缘。佃仆的住屋多简陋，一般无天井，多为一字型三间房屋。

_____

① 叶显恩. 明清徽州农村社会与佃仆制［M］. 合肥：安徽人民出版社，1983.

歙县阳产"土楼"

"土楼"与"土楼群"。歙县深渡镇阳产、街口及黟县木坑、婺源溪头等高山坡陡地区的夯土民居，通常二到三层，或依山错层而建，俗称徽州"土楼"。这些地方现存多处"土楼"群，充分展示了徽州先民的营造智慧及乡土建筑的适应性。

第二节　民居建筑组群

徽州民居多与园景有机结合，形成和谐有序的村落建筑群。20世纪80年代以来，为了保护有价值的民居，徽州区集中迁建、新建了一批"古村落"，如潜口民宅（明园、清园）、休宁古城岩、黟县秀里影视村等。这些"古村落"仍按照原有肌理进行组团并整合不同类型的建筑元素，保持了徽州古村落的基本风貌。

宏村明清古民居建筑多向水聚集，如月沼、南湖、水圳等。西递古民居则多聚集在祠堂周围。黟县南屏村叶、程、李三姓各建祠堂，各姓民居均向本族祠堂聚集，导致村内街巷多变，犹如迷宫。聚集的不同模式均反映了徽州先民的居住方式、宗族意识、邻里关系及风水观念。

关麓村保存着大量精美的明清古民居，"八大家"住宅建筑群是其中的核心建筑。"武亭山居"是清代著名书画家汪曙的故居，它居于"八大家"住宅建筑群之首，"涵远楼"、"吾爱吾庐"书斋、"春满庭"、"双桂书室"、"问渠书屋"、"安雅书屋"、"容膝易安"小书斋自北向西依次排列。这一极具特色的住宅建筑群，是汪姓徽商八兄弟所建。从外观上看，八座宅院每一座都有自己的天井、厅堂、花园等，形式上各自独立。巧妙的是在宅院与宅院之间，有走廊和门户互相连通，形成一个整体。如此组合抱团，既能避免兄弟之间不和可能出现的尴尬，又能在危急遇险时，八兄弟联手防御。关麓"八大家"住宅建筑群充分反映了徽州社会中强大的宗族观念。

第三节　附属建筑及杂用空间

徽州民居的附属空间在平面形态上就显得比主体部分要活泼自由，与基地环境结合紧密。附属部分主要由院落、杂物间、厨房、厕所等构成，形态丰富，与主体建筑程式化的形态产生有趣的对比。在附属构形中，厨房、厕所、杂物间与主体部分在空间与形体上紧密结合，同时这些功能单元自身也往往结合在一起，表现出一个完整的外部形态。

徽州明清时期天井式建筑大多数为二层，使用者在民居内的活动主要集中在一层。厨房、杂物间一般位于主体建筑的一旁，空间等级低，无论是其形制，还是面积，都与主体建筑有明显的差别。基本的合院形式也不再是其形态的唯一选择，居民可根据需求来灵活选择适合的形态。因此，徽州民居的附属空间呈现出丰富多样的形态。主要构成单元加上附属建筑，另外加上以围护基地的围墙所限定的院子，共同构成一户民居。

家庭储藏空间。徽州民居的楼式结构，不仅形式紧凑以缓和占地面积的压力，而且巧妙利用建筑的构造综合了多种使用功能。家庭生活中需要大量的储藏空间，来存放衣物、被褥、粮食、柴草、饲料等。主要的储藏空间有3处：暗箱夹层、楼梯间和厨房夹层。暗箱夹层：正厅要求高大宽敞的空间以表达庄严肃穆的气势，两厢卧房则要求更人性化的尺度使晦暗的空间相对舒适，不同的使用要求产生了层高的差异。聪明的徽州人将这一空间利用起来，作为暗箱夹层，储存衣物、被褥等居家杂物。楼梯间：徽派民居的楼梯通常设在太师壁后或一侧的廊房内，由于梯段的长度受到限制，楼梯做得相当陡。楼梯下的空间相对较高，也被用作储物空间。厨房夹层：厨房作为辅助用房，平面形状常不规则。厨房倚在正屋的一侧或背后，其屋顶的处理往往是用一个巨大的单坡屋面，从高高的封火山墙或院墙的一侧斜"劈"下来，屋脊下方的空间足有两层的高度，常在这一位置搭起一层夹层，并设楼梯或用活动的梯子帮助上下取放物品。

第四节 街巷空间

街巷在村落空间组织中起着自公共空间到私人空间的承接作用，担负着村落内部空间和民居宅院外部空间的双重角色，连接着宅与宅、宅与自然。鉴于街巷的重要作用，徽州先民将其放在与宅院等室内空间几乎同等重要的地位去精心营造。精心营造的街巷成为徽州村落最具特色的空间要素之一，是人们了解、认识和浏览徽州村落的主要途径。

徽州传统村落的巷道常以曲折、对景转换丰富而著称。徽州村镇中南北向街巷很少直通，以防冬季北风呼啸及火灾蔓延。将西递的巷道分类后，我们可以看出交通性巷道和祠堂备弄，由于是穿过性巷道，功能决定了其形式上的基本线形——直线形。其线形发生变化的地方通常是在有住宅的位置，或者祠堂和住宅的交界位置，而生活性巷道则曲折多变。巷道空间发生突变的决定因素就是宅院的布局。徽州民居的基本单元虽然是整齐的矩形三合院，但为尽可能多地利用宅居地，其宅院的辅助用房常为异形平面，院子形状更随意，以占满地块为准。因此，住户在根据巷道的使用功能保留巷道的基本宽度后，总是尽可能地满铺院落，而形成成片的街区。

特别是巷道的一些较小的转折，纯粹是为了满足住宅的功能使用而做出的让步。如，有几处住宅的八字门楼入口，门向的轴线与巷道并不完全垂直，致使两边的八字门墙不能对称布局。这时，宅院就会向巷道中凸出一个钝角三角形空间，以保证八字门楼的建立，留给巷道的是钝角的转折点。

街巷分级。一般地，村落街巷道路分为三个等级。如宏村：第一级道路是大体呈东西走向的后街、宏村街、湖滨北路及外围的西溪路、湖滨南路、际泗路；第二级道路大体呈南北走向，主要是联系大面积的住宅组团，是村落内空间最丰富、最有特色的街巷空间，如上水圳、茶行弄、中山路等，这些街巷常在交叉口、拱门等地方形成一些放大空间，为村民的日常交往提供了聚集处；第三级道路是建筑与建筑之间的巷弄，十分狭窄，只满足"通过"的功能，基本没有容纳人停留的空间。西递村街巷道路也可分为三个等级：第一级道路是以大路街、直街、前边溪道路为主干的道路。祠堂建筑多集中在这级道路两边，在祠堂门口有较大的广场，几乎所有的商业设施也集中分设于这类道路两边。第二级道路联系着大面积的住宅组团，宽度较第一级道路窄，但是常常在交叉口形成较小的广场，以便人群聚集。第三级道路是建筑与建筑之间的巷弄，十分狭窄，只要满足"通过"即可，没有能够容纳人停留的空间。

凡相邻两宅对街道开门，均不直接相对，总保持一定的错位。甬道两端各有直通户外的大门和通往宅后的次门，其空间只供相邻两户共用，并不作为公共通道。如歙北江村济阳江氏宅院，为七户住宅一字排开，各相邻两户之间设有一个狭长的甬道，以供佃仆们作交通使用。对于划为族内的公有财产，如房产、田地、道路等，均提供给全族人使用，族内共同维护。

路面铺装。路面主要为条形黟县青石板，色泽沉着、质地细腻，愈用愈光滑，与白墙黑瓦相得益彰。路面也可用卵石铺地，单位卵石尺寸为30~50mm。

街巷空间的界面高宽比。徽州地区由于炎热多雨，故其街巷之高宽比（H/D）较大。街道通常在2∶1；巷道更大，通常在5∶1~2∶1。巷道空间的侧界面通常无门无窗，空间表现得异常封闭。

街巷空间的交叉口。此处是空间转折、停顿、交换的场所，因为徽州古村落形成的自发性，其交叉口主要以"Z""丁""人"、风车形等形式来表现，"十"字交叉型少有出现。也就是说，其交叉口通常是极不规则的。"Z""丁""人"等形式的交叉口使徽州古村落街巷空间中产生了两个空间效应：空间放大和阴角空间的形成。在这些空间中，常常设置石凳、石椅或其他生活设施，使其成为居民日常活动的场所。

婺源汪口村三面环水，地势北高南低。村内一些大巷里均有店号、仓库和茶号。全村有500余户人家，街面上就占了150多幢房子。街道两侧的老店铺鳞次栉比，前后屋面微微挑出，一色的粉墙青瓦，各家厅堂里是大同小异的江南徽式风格摆设，东瓶西镜、中间座钟，独具特色。这条街上依次有鱼塘、水碓、酒坊、李家、双桂、四通、桐木岭、余家等18条小巷，大部分小巷都直通溪下，不仅方便了居民浣洗取水，而且还担负着3个功能：一是充当防火分区，阻止火灾蔓延，小巷在连片的民居建筑中起到了间隔作用，一旦发生火情，不会连片成灾；二是有益于排水，汪口地形后高前低，小巷设有明沟暗渠，遇上雨季，积水易于排出；三是有利于人口疏散，如遇上战乱或特殊情况时，由于街巷相通，巷巷相通，人们通行便捷，可以及时疏散。

此外，黟县南屏"迷宫式"街巷布局、绩溪石家村呈棋盘状整齐方正布局等都极具特色。多数村落随机自由生长，街巷空间是共同遵守礼俗惯例逐步形成的。

　　水街与水巷。水街与水巷是徽州古村落中重要的景观特征之一。徽州人从风水的角度，认为水为生气之源。《水龙经》中说："穴虽在山，祸福在水。""夫石为山之骨，土为山之肉，水为山之血脉，草木为山之皮毛，皆血脉之贯通也。"这里明显地把宅舍作为大地有机体的一部分，强调建筑与周围环境的和谐。水街在徽州街巷中占有很大的比例。徽州水街有两种形式：一种是在古村落之内，由两岸建筑夹持，是狭长封闭的带状空间。该空间中，水一般不深，河底的卵石、游鱼等历历可见，水流速度缓慢。两岸以当地产几何状青石砌筑，该地带常有绿色植物生长，水体随街道变化而变化。该空间表现出深沉宁静的特色。另一种是临河而建的街道。该街道一边以建筑为背景，另一边面临开阔的水面。该空间常给当地居民提供停舟、浣洗、汲水的功能，因此常设码头、临水或入水的台阶，增加了生活的情趣，并起到点缀景观的作用。

第四讲　徽州寺观建筑与宗教文化

第一节　徽州佛教建筑

由于徽州地近九华山，深受九华山佛教文化影响，历代营建了众多的佛寺、佛塔。

歙县西干山古寺群。从阳和门出城，向练江走去，可见西干山坐落于练江的西岸，这里是徽城著名的风景胜地。这里曾建有 10 座寺院，即太平兴国寺、罗汉寺、如意寺、经藏寺、等觉寺、福圣寺、五明寺、长庆寺、净明寺和妙法寺。古人有诗赞 10 寺云："古寺高峨接碧霄，春风弦诵彻终朝。石成方塔参天回，柳种长堤隔岸遥。两座危峰争出坞，一弯曲径半通桥。有时槛外传清响，知是山南唱晚樵。"在长庆寺旁，宋重和二年（1119），歙南黄备人张应周在此兴建了一座七级方塔，即长庆寺塔，至今已有 800 余年的历史了。自明代以来，文人墨客常汇聚于此，饮宴唱和，留下许多千古佳话。当年香火旺盛，如今却 10 寺均颓，唯塔独存。微风拂过，塔铃叮当，不禁令人感慨万千。

徽州古塔，吸取了印度古塔和中国其他古塔的特点，并结合徽州文化传统和地理环境的实际，进行了新的创造，所以打上了徽派的印记。

在徽塔中，鼓吹出世的涅槃境界者有之，宣扬入世的世俗尘世者有之，与儒释虽有形式上的联系，但其内容已完全化入人情世态之中，且富于美的律动，而为人们所欣赏者，亦有之。它们虽因哲学思想的差异而显示各自的特点，但却可共存；有的思想上对立的特点已不突出；有的则活跃在互渗的状态中。例如：黟县碧山南麓、漳水西岸之云门塔，清乾隆四十七年（1782）兴建，乃是一座六角造型的佛塔，故塔内壁龛绘有彩色佛像。其塔刹为珠宝顶，其下有圆光、宝盖、相轮、承露盘、覆钵等①。这些，都闪烁出佛的光轮。

---

① 黟县地方志编纂委员会. 黟县志［M］. 北京：光明日报出版社，1989.

徽州区岩寺塔

　　岩寺塔，濒临丰乐河，建于明代嘉靖二十三年（1544），七层、八面、高度为 66.6m。巍峨挺拔，耸入云霄，气魄豪峻，蔚为壮观。其底层塔檐，向外伸出 1.5m；由下而上，塔檐逐渐外挑；到第七级时，塔檐外出 3m（塔檐、塔顶已毁坏，现仅存珠墩以下塔身）。如此由下而上逐层外伸的塔檐构建，堪称古塔奇观。当月白风清之时，塔的倒影在河流中上下浮动，出檐绰绰约约、层层挑出；若风和日丽，则"见金盘炫日（一作目），光照云表；宝铎含风，响出天外"。（借用杨衔之语，见《洛阳伽蓝记·永宁寺》）至于阴雨渐沥之时，则见第七层檐上之水直落地面，有断有续，仿佛珠帘。建塔时，塔东之凤山台，与塔同时建造，象征着砚；塔西之佘公桥（已毁），象征着墨；而塔则象征着笔。笔、墨、砚，为徽州文房之宝，以塔、桥、台分别暗示之，且建构于徽州岩寺所处之青山绿水之中，的确充分体现了徽塔的地方特色。

　　潜口翼峰塔。翼峰塔坐落在潜口镇南端，205 国道西侧，是潜口水口建筑群落中唯一幸存的古塔。塔之左侧有万贯山，右侧有络狮山。每当日影阑珊之时，翼峰残照，成为一道非常秀丽的景观。塔外观七层、八角、铁顶，高约32m。全塔皆由砖制，每块砖都有阴刻"竹溪建立塔""大明甲辰造"字样。塔内底层北门内上方有红石匾额，楷书"翼峰"，上款为"嘉靖二十三年甲辰岁"，下款为"竹溪汪道植敬立"。该塔内部结构独特，石梯自底层西门夹壁中绕塔而上，但仅一、二、六、七层可驻足观景，二到五层贯通，建穹隆顶，此穹隆顶高度、尺度颇大，且在二层以上用全砖砌筑，足见当时徽州匠师之高超技艺。

第二节　徽州道教建筑

齐云山，古称白岳，是中国四大道教圣地之一。它位于安徽省休宁县境内，横江之畔，与黄山南北对峙，丹霞地貌，"千岩竞秀，万壑争奇"，祥云绕峰，紫气冉升。乾隆巡游江南时赞曰："天下无双胜境，江南第一名山。"① 明代著名旅行家、探险家、地理学家、散文家徐霞客曾两度登齐云山，著有《游白岳山日记》。

齐云山的建筑大抵从唐元和四年（809），歙州刺史韦绶在白岳岐山石桥岩建石门寺始，距今已有约1200年历史。南宋道士余道元创建佑圣真武祠于齐云岩，相传祠内玄帝神像乃百鸟衔泥塑成，卓著灵异，香火日盛。明嘉靖帝三十无子息，派钦差大臣汪天蛟率大队人马携金银财帛赴齐云山建醮祈嗣，果获灵应，随后嘉靖帝下旨敕建玄天太素宫。齐云山因此名声大震，香客云集，明朝中期达到鼎盛期，建宫殿33处，道房36房，亭台楼阁、庵堂祠宇遍布全山。

清朝后期兵火连绵，间接地影响到道教活动，香火逐渐凋零，一些宫殿亭阁常年失修，相继倒塌、湮没。之后，山上的道教建筑更是遭到毁灭性破坏。幸存下来的胡伯阳房、太微道院、天官府、梅轩道院、东阳道院等道院也改成了道士、山民的住宅、饭店和旅社。1981年齐云山成立管理处，1984年齐云山道教协会成立后，才逐步恢复了真武殿、太素宫、玉虚宫等宫殿。

齐云山道教建筑的一大奇观是水池与建筑伴生。有建筑必定有水池，有天井必定有水池。一座道观有两池、有三池，房前屋后还有池。水池的分布与多少，和道教的"阴阳平衡"及"金、木、水、火、土"相生相克的道术密切相关，其间也包含着许多朴素的科学防火思想。

---

① 安徽省齐云山志编纂委员会. 齐云山志［M］. 合肥：黄山书社，1990.

大凡在高山之巅有一洼碧水，人们往往说是天池。所以，在齐云山，有告之这是天池，那是天池……也不知给我们指认了多少个天池。《齐云山志》记载的天池也有两个。我们权且不考证哪一个是真正的天池了，凡齐云山上的水池我们统统称之为天池。天池不但给人以美的享受，更为实用的是它提供了高山居民的生活用水和消防用水。齐云山的天池非常美，它们或是凿石成池，或是方石砌池，池底下有泉眼，涓涓细泉四季喷涌，丽水清纯，闲来视之，赏心悦目，荡涤凡尘。

从岩前镇上登封桥，跨越横江，即进入齐云山道教圣地，登上望仙亭，即入齐云山。望仙亭原称冷水亭，传说八仙之一"铁拐李"超度灵乙老道师徒在此处升天。老道的徒弟布根祖"六根不净，见利忘义"，未能赶上与师傅一同升天，后悔莫及，立此仰天长望化成立石，故后人改称望仙亭。

穿过望仙亭左行，便见洞天福地祠遗址。洞天福地祠背倚展诰峰，面朝桃花涧，坐南朝北，占地面积达 $1280m^2$，二层砖木结构，由东至西依次是斗姆宫、通明殿、青羊宫。洞天福地祠右前方有放生池，后面有双八卦池，左后侧有半月池，左前方有清乐池，正前方桃花涧的梦真桥下还有梦真池。这 6 个水池的枯水期容量超过 $70m^3$，基本上能够满足一次灭火用水量要求。

穿过象鼻岩，前面豁然开朗，一个似剖开的半圆形立体艺术馆展现在眼前，这便是真仙洞府景区，是齐云山的精华所在。崖壁之下的八仙洞、罗汉洞、雨君洞、文昌洞等依序排列，这些洞府中供奉着各路神仙，香火兴旺。仰视高大的岩壁上有"天开神秀"等历代名人摩崖石刻，珍珠泉从崖顶飞流直下，远远观看如白练悬空，近处细看又像粒粒珍珠，欢快跳跃而下，洒落在碧连池内。碧连池是齐云山最大的天池，面积达 $200m^2$，池深 3m，可蓄水 $400m^3$。

过了三天门，步入月华街，就到了齐云山的建筑核心区，主要宫殿、道观等建筑均建在此。天官府，明嘉靖年间建，汪天蛟为朱皇帝祈嗣住此，是一座三进二层楼徽州建筑，现除门楼保持原貌外，二进、三进均是毁后重建的单层建筑，原前后进的两个天井水池仍保持完好。前进天井有两个小水池，每个水池容量为 $2m^3$，后进天井是一个大水池，造型优美，容量是 $30m^3$。天官府后面的山坡上还有太符上塘和太符下塘两个100 多 m^3 水池环护天官府。

东阳道院是目前保存较好的道院之一，二层砖木结构，前后两进，前进建于明代，后进建于清代，前后进天井各有一口水池，室外还有一口水池。前进的天井水池造型别具特色，口小肚子大，池口与天井尺寸相同，水池的下部向四周扩展 1 米多，大肚子四周用石柱支撑，水池上部是精美的石雕栏杆。

玄天太素宫是齐云山建设规模最大、最宏伟的一组建筑。它位于齐云岩下、月华街中心，背倚玉屏峰、左钟峰、右鼓峰，前有香炉峰。坐南朝北，与玄帝"镇南天，拱北极，威镇万山"的圣嘱相符。宫址占地约 1600m^2，宫前是精雕细刻的青石牌楼，现已不存在了。太素宫三进二院，第一个院中有一口 200 多 m^3 的长方形大水池，曰虚危池，水池中间架有单孔渡仙桥，池底是宫后数峰泉水汇合处，有"五水到堂一水出"之说。第二个院子的神道两侧置有"日""月"水井各一口，圆口的曰：日井，月牙口的曰：月井。宫后山坡上还有宁一塘，容量达 656m^3，另外还有五龙池。大殿内外均有天池护卫，火魔岂敢在此逞凶作恶。

玉虚宫位于紫霄崖下岩洞内，依次是玉虚宫、治世仁威宫、天乙真庆宫。玉虚宫气势壮观，宫嵌崖壁，与崖融为一体，崖顶飞泉洒落在玉虚宫两侧的太乙池内。玉虚宫西侧有一块巨大的石碑，碑文是唐寅撰写的。

方腊池位于独耸峰之巅，可蓄水 100m^3。独耸峰峭拔天险，独峦不群，四面绝壁悬空，唯有一条栈道可攀。峰巅有一巨岩，上塑有方腊、方百花、汪公老佛一组石像，巨岩四周有近 27000m^2 平地。传说北宋官兵围剿方腊义军，方腊退守独耸峰，被围困数月，义军官兵千人借此池水饮用数月，后因叛徒决池放水，才迫使方腊弃寨撤退。池水决定着军事行动的成败，可见天池的重要性。

齐云山的水源建设，除了前述与建筑伴生的之外，还有很多独立建造的水池、水塘，如洗药池、莲塘、东阳塘、水幸塘、涌泉池、拱月池、长生池、三清池、正修池、皇庭池、太圣塘、森花塘等。总之，齐云山上天池遍布，高空俯瞰，如点点明珠，与青山翠柏相映，这在全国的佛教、道教名山中极为罕见。

新中国成立后更陆续修建了大容量的水塘和水库，如高山塘、外塘、五老峰水库、状元坟水库、云岩湖等。这些水源的建设是属于齐云山公共水源，它从整体上、宏观上以水克火，以期达到全山水火守恒，香火旺盛。

水是最古老的灭火剂，今天它仍然是灭火剂中的主力军，是建筑物永恒的保护神。齐云山道教建筑与水池伴生，如此布局设计，既合理又科学，让保护神时刻守卫着道教法场，克火御灾，大大减少了齐云山火灾发生的概率。查阅《齐云山志》，均无火灾记载，这不能不说是托水之福了。

道教消防文化以其道教文化形式体现出来，除了上述建筑防火采取"阴阳平衡""以水克火"的形式外，在组织形式、宣传方法等方面，也有着一套独特的防火方法与表现形式，如做禳火道场、贴水符等。

齐云山的道教是全真派与正一派两派并存，"以月华街太素宫为中心，属正一派；而玉虚宫、洞天福地等处仍保持全真派"，"两派以正一派为主，统领全山"①。齐云山的香会活动每年从农历七月初一开始，至十月初一结束。香会期间，道士要根据事主的要求而举行不同的道场，道场名目繁多，分为诸天科、慈悲科、水火连度等25种，其中最值得一提的是禳火道场。"禳"，解释为祭祷消灾，加上一个"火"字，即为祭祷消除火灾的意思。《齐云山志》载：

> 在农历七月初一这一天，由道长为首，率领各院房道众大斋三日，并在玄天太素宫做大型禳火道场，祷求玄天上帝保佑香火平安，道业兴旺。

道教将禳火道场安排在香会活动的第一天，统领全年的道场，而且在做禳火道场之前要大斋三日，以清身心，并由道长亲率各道院的道士集中在太素宫里做大型道场，规格最高，形式也最为隆重。可见，道教组织为保香火平安，促进道教发展，对火灾预防工作极为重视，将其摆在道教活动的首要位置。

051

水符是道教宣传防火的一种标志。它是在一张16开大小的蓝色纸上用白色粉末画成一种约定俗成的镇火符号。水符由各道院法官制作，法官在做禳火道场之前，事先画好若干张水符带至道场，在禳火道场结束时免费奉送给进香者。在做禳火道场时，各位法官也要当场画水符，这个当场画的水符则由各道院带回去张贴在自家道院门头上。水符作为道教的防火宣传符号，其作用是显而易见的。当道士、香客每次进入道院时，首先看到的是水符，提醒道士和香客进入道院要注意香火安全，防止发生火灾。水符作为道教的一种防火宣传标志，不应简单地斥之为迷信物，而应看作是一种源远流长的道教消防文化。

此外，齐云山道教消防文化还表现在香会期间的防火管理和措施上。道教消防文化是徽州消防文化的一个重要组成部分，也是中国消防文化不可忽视的一个方面。

---

① 安徽省齐云山志编纂委员会. 齐云山志［M］. 合肥：黄山书社，1990.

第三节　徽州汪王祠庙

从歙县的郑村东行，有一个汪氏忠烈祠坊，这座牌坊以及坊后的忠烈祠，是用来崇祀徽州历史上最负盛名的人物，也是有着某种地方神灵意味的人物，那就是隋代的"护国公""越国公"汪华。有学者认为汪华是古徽州第一伟人，将其名列徽州伟人之首，是因为他对徽州的影响举足轻重。

公元 587 年正月十八日，汪华出生于绩溪登源，他三岁丧父八岁丧母，十四岁拜南山和尚为师。隋唐之际，天下动荡，他被众人拥戴成为农民起义的领袖，自称吴王，却于武德四年自动放弃王位归顺大唐，促进了全国的统一。此后，他被唐朝授予歙州刺史，总管六州军事。

公元 628 年，汪华奉命进京为官，官至九宫留守，公元 648 年病逝于长安，被封为"忠烈王"。按照他的遗嘱，尸体运送到了歙县安葬。由于相距的时代较远，在徽州，汪华更多地是以一种传说和偶像的形式影响着徽州文化。休宁的万安镇古城岩上就有过汪华的驻兵处，后来建有吴王宫。而在绩溪县登源河畔则有着建于公元 980 年的汪公庙，旧时，每年正月十五到正月十八，在庙前都要举行花朝会，舞龙舞狮、玩花灯、唱大戏、放花炮，以示纪念。

在徽州人的观念中，汪华崇拜根深蒂固，故尊奉汪华的庙宇，在一州六县无处不见，尤其是六县乡村中的众多社屋以及堪称庆典的春秋祷赛活动，也几乎都必见汪公父子。社屋一般建于村落的边缘，特别是表示村界的水口处。以素有"江南第一村"之称的呈坎为例，当地既有富丽堂皇的罗氏宗祠——宝纶阁，又有朴实无华的长春社屋（建于元代，明代重修）。徽州人通过民俗中频繁而有秩序的迎神赛会——"嬉菩萨"，造就出一个个以寺庙为中心、以社屋为关系纽带的村族社区共同体，以及共同体内各村社的相互认同与共存意识。

第四节　徽州乡土神庙

在传统社会，敬神祭神是百姓日常生活的重要组成部分。徽州先民也为各路神祇建庙，多是因地制宜在神灵"显灵"处设庙祭祀，或举行盛大的祭祀活动。徽州之神庙，有的是数进院落，有的只是数尺小龛。这些庙，于徽州传统村落却是不可或缺的，它既丰富了徽州村落的建筑类型和景观意象，又给乡民赋予某种精神寄托，获得归属感。

黟县屏山村三姑庙

黟县屏山三姑庙，又称"显济庙"，遗址位于小山北端，建在一大型古墓上。该庙初建于汉，内奉麻姑海神。麻姑又称大家姑，传说她曾经三次见到沧海桑田的变迁。史载汉武帝刘彻曾到此祭拜麻姑神。之后又增奉圣姑和妃姑。奉圣姑又称圣母，她是三国魏河间郡人，名郝女君，据说因貌美被东海公聘为夫人，成为水仙海神。妃姑为宋莆田林愿之六女，传说死后曾多次在海上显灵，元时封为天妃，清康熙时又封为天后。沿海地带均建有供奉妃姑之庙，如天妃宫、天后宫和妈祖庙等。小山供奉麻姑、圣姑、妃姑三位海神，故称三姑庙。三姑庙现已恢复重建，三进院落，中间回廊，两侧塑风调雨顺四大金刚，后进塑三姑神像，供村民和游客拜谒参观。

树神庙。婺源下晓起村头的高处建有居安亭，每逢七月半、正月半，村民会聚集于亭下桥旁，燃鞭炮，祭供品。亭后大樟树下有"樟树大神之位"，樟神说法源于樟树曾数次自燃，但仅一枝烧焦。祭樟神是希望孩子像樟树一样易长大，甚至有村民给孩子取名"樟宝"。下晓起原来有很多庙供着大小菩萨，嵩年桥上有文昌庙、五显庙，上坦祠堂旁原有文昌庙、观音庙、关夫子庙、五猖庙等。

五猖庙、嚎嚎殿。祁门目连戏是延续了400余年的珍贵非物质文化遗产，祁门县历溪村是徽州目连戏文化的主要遗存地。村中建有五猖庙、嚎嚎殿。历溪村目连戏演出一般没有固定的场地,整个村落都是表演的舞台,演出又像是一种祭祀活动。不过,有些戏目是有固定的场地,即:演员在古樟树下化妆,到嚎嚎殿去杀鸡接五猖神,祭拜戏神,将五猖神符贴在嚎嚎殿门前,待演出结束后将五猖神送回殿中再将五猖神符拿走。历溪古树林旁有一嚎嚎殿,供奉的是傩神菩萨和五猖老爷。村人说,嚎嚎殿其实就是戏子麻中练功吊嗓子的地方,当然唱戏的也分为三六九等。嚎嚎殿分的是七等,分别为观音大仙、四大元帅、上堂五猖、中堂五猖、下堂五猖、二十四殊天和江西鄱阳戏班。我们可以这样说,如果没有了五猖庙和嚎嚎殿,也就没有了祁门目连戏。这也从一方面验证了建筑与文化的关系。

第五讲　徽州景观建筑与园林文化

第一节　徽州村落的园林化

明清时期，徽州村落已经园林化，园林情调是徽州村落又一重要特征。园林概念的内涵、外延相当广泛，在此园林主要是指中国古典园林。"中国园林是由建筑、山水、花木等组合而成的一个综合艺术品。"① 建筑、山水、花木是中国古典园林的基本构成要素，徽州古村落业已齐备。

徽州古村落历史悠久、风景秀丽、民风淳朴、文化底蕴深厚，在中国传统村落中具有典型意义。徽州古村落景观意象丰富，是人与自然完美结合的典范。从其景观的表现形式上看，村落多依山傍水，空间变化丰富，村内街巷狭长幽静，水口景色优美，建筑色彩朴素淡雅。古树、巷道、水系、宅院、民居、山体、耕地、亭、台、楼、榭、塔、牌坊、白墙黑瓦马头墙等组成了一幅幅典雅优美的中国山水水墨画。

徽州自然山水为徽州村落园林化奠定了基础，徽州人呵护自然，尊重"木本水源"，营造一处处景观水体，使徽州村落灵动起来，获得了更多审美特质。其主要者有四：其一，洁净之美。"当暑而澄，凝冰而冽"是为水的品质。徽州的水都具有这一品质。新安江为徽州众水集汇，它的洁净之美，备受古人称赞。南朝文学家沈约称赞新安江："洞澈随深浅，皎镜无冬春。千仞写乔树，百丈见游鳞。"李白更将新安江比作明镜，两岸青山比作屏风："清溪清我心，水色异诸水。借问新安江，见底何如此？人行明镜中，鸟度屏风里。"其二，虚涵之美。水往往表面澄澈，一片空明，它借助于反射的光辉，能反映万物，特别是水平似镜、静练不波之时，更能收纳万象于其中，体现出"天光云影共徘徊"的透明、虚涵的审美特

---

① 陈从周. 园林谈丛 ［M］. 上海：上海文化出版社，1980.

征。"人行明镜中，鸟度屏风里"即道出了新安江的洁净美，也描绘了新安江虚涵的审美特征。明朝余心的《浔阳夜月》："百尺龙潭水接天，云收雾卷暮岩前。久坐不知山月起，忽惊潭影弄婵娟。"明朝谢肇淛的《桃源道中》："春风篱落酒旗闲，流水桃花映碧山，寄语渔郎莫深去，洞中未必胜人间。"这些都是对徽州水的虚涵美的赞美。"绿树阴浓夏日长，楼台倒映入池塘"，则是宏村南湖虚涵之美的写照。宏村南湖活水长流，水质清澈，水面平静，蓝天、白云、碧峰、粉墙皆倒曳挂映其中。清新、淡雅，"形"虽朴实，"神"都深邃。徽州村落引山溪穿户过院，形成了"秀水绕门蓝作带""风清流水当门转"的景观，居者在门前院后也能体会到水虚涵之美的神韵。西递仰高堂的"浣月"题额正是这种神韵的绝妙反映。

其三，流动之美。"流""动"是水基本的性格和审美特征。郭熙《林泉高致》曰："水，活物也……欲多泉，欲远流，欲瀑插天，欲溅扑入地……欲挟烟云而秀媚，欲照溪谷而光辉，此水之活体也。"绘画是静态艺术，尚且需表现出作为"活物"的水的"活性"来，园林中的水更需要表现水的"流""动"和"活"的特征，只有这样才能给人以审美的享受。村落是人生存之所，更需水"流"、水"动"、水"活"，只有这样村落才有生机，才能给人以美感。徽州村落水"活""流"和"动"的审美特征，在村落写景抒情的楹联中得到了真切地反映。黟县美溪松云书院有楹联："青山不改千年画，绿水长流万古诗。"南屏村行吾素轩有楹联："两江春水当门绕，一色天光人户来。"两副楹联中的"流"和"绕"，不但像"诗眼"一样把楹联点活了，而且揭示了水的动态美，使得松云书院、行吾素轩也"活"了起来。其四，文章之美。在美学上，"文"和"章"主要是指线条或色彩有规律地交织相杂而形成的参差错综的形式美。水面的文章之美也可以构成园林的景观或景观主题。徽州村落的湖、池等水体也能产生文章之美。明人罗洪先作《春日过雷冈怀汪心鉴》一诗赞美宏村景色，其中不乏水的文章之美，诗曰："清流如带漾涟漪，白板桥头与客期。指点侬家村口路，睢阳亭外柳丝丝。""桃夭夹路交枝柯，花影参差映碧波。何事封姨偏妒汝，五更打落嫩红多。"宏村南湖书院有楹联生动地描绘了南湖的文章之美，楹联道："迎风饮湖绿，一线涟漪文境活。倚窗眺山峦，万松深处讲堂开。"楹联引导人们欣赏南湖中风水相激的文章之美，去欣赏水面文章之上一派明媚闪烁、光彩荡漾的金色银辉。在徽州村落，古时一些文人雅士还将水的文澜秀漪之美题作门额，作为景观主题。例如，黟县关麓村有门额称作"颍水文澜"，使人不由地联想到清波微漾、涟漪轻轻的一泓碧水。

徽州传统乡村聚落景观体现出徽州文化的丰富内涵和深厚的美学底蕴，表达了人们顺应自然、美化自然和改造自然的审美情趣，其中村落水口园林就体现了朴素的、可持续性的环境观和生态学思想。

第二节 徽州园林建筑

狭义地说，建筑是园林的结构要素之一。广义地说，园林本身就属于建筑范畴，它是建筑的延伸和扩展，是建筑与自然环境（山水、花木）的艺术综合，建筑则可说是园林的中心。园林建筑主要包括亭、台、楼、阁、馆、榭、廊、塔等，各有各的功能，古人常用"堂以宴，亭以憩，阁以眺，廊以吟"概言之，但观赏性是园林建筑的基本功能。

村落，广义地说，也属建筑范畴，也是建筑的延伸和扩展，是建筑与自然环境的综合。狭义地说，建筑是村落结构要素之一，是村落的主要构建要素。村落作为人的聚居之地，民居是村落最基本、最主要的建筑，民居基本的功能是为居者提供生活之所。但徽州村落的民居等建筑除了基本功能以外，还表现出很好的观赏性，具有很强的审美价值，同园林建筑有异曲同工之处，因此，我们称其为园林化的建筑。徽州民居平面多作内向方形布局，面阔三间，左右对称，围绕扁长形天井构成三合院基本单元，由于民居基本单元的主体部分均取基本相同的平面布局形式，从整体上确保了民居之间的协调和统一。同时，民居的结构和建筑材料均基本相同，粉墙、青瓦、马头墙作为徽州民居外观的基本元素，更有力地强化了徽州民居的统一性和一致性。徽州民居大多因就地形，随高就低，在外形及轮廓上不期而然地呈现出参差错落的变化，使得徽州民居空间形态具备了形式美的两个基本条件：统一和谐、多样变化。在统一中见多样与变化，在变化中见和谐和秩序，使得徽州民居显现出很强的韵律美、和谐美。马头墙是徽州民居韵律美、和谐美绝妙的集中体现，达到了"虽由人作，宛自天开"之境。马头墙原来是为了防火，俗称"封火墙"，是实用需要；然而在徽州由于运用之广、组合形象之丰富，它形成独特风格，打破了一般墙面的单调，增强了建筑的美感。徽州的马头墙多作线形展开，一般呈直线形，线条流畅，手法简练。一片因地就势的建筑就会形成许多简练直线的组合，或横或纵，或左或右，或前或后，构成了多样化的格局、类型、体式，有的逐层递进、步步高升，至最高处，再逐层递退、步步下降。不论升降，幅度比例不突兀，和谐、近人，呈现一组组连续、渐变、交错起伏的马头墙乐章。在直线两端，用檐角青瓦起翘，以简洁、明朗、象征的手法塑造"马头"形象。层层叠叠的马头墙融入蔚蓝色的天际，勾画出村落与天空的轮廓线，增强了村落空间的层次感。

第三节　徽州村镇水口景观

水口园林多建于村落入口众水汇聚之处。古时，徽州人为了保住财气，大多在水口人为地增加"关锁"。自然景色优美的水口成为徽州村落重点营造的地方。村人在此广植高大乔木、花卉，点缀桥、亭、塔、楼等景观建筑，将水口建成风景极佳的公共园林，为村人提供游憩之所。清人方西畴的《新安竹枝词》曾对水口自然景观、人文景观做了生动的描述："烟村数里有人家，溪转峰回一径斜。结伴携钱沽夹酒，洪梁水口看昙花……故家乔木识梗楠，水口浓荫写蔚蓝。更著红亭为眺听，行人错认百花潭。临河亭子郁崔嵬，拾级凭高亦快哉。满目云山排画稿，鹅溪绢好剪刀裁。"① 徽州水口园林置于大自然之中，充分发挥新安山水的感染力，运用诗人画家意匠，剪裁真山真水，因地制宜，巧于因借，与山水、田野、村舍融成一体，质朴亲切，不乏佳作。

绩溪县石家村水口

---

① ［清］许承尧撰；李明回等校点. 歙事闲谭［M］. 合肥：黄山书社，2001.

　　根据风水说，有些村落有多处水口，因此，就有多处水口园林。歙县槐塘有9条进村道路，俗称"九龙进村"，9个路口皆有水口，每个水口又都形成了水口园林。槐塘以东，向城关方向与棠樾村毗邻处，旧时有1里长的大道均由麻石铺就，平坦整齐。原有状元坊和丞相坊屹立大道，状元坊为青石坊，丞相坊为红石所筑，一红一青对比鲜明。坊下左有绿梅、右有红梅，皆古梅。坊前有青石砌水池一座，周以青石围栏，中植荷花，名清水池。坊之右为一长堤，红石为基，堤上遍植紫荆，紫荆之间又夹植梅花。中置一亭，坊之左侧为一丘陵，上有古树苍翠挺拔。过牌坊为青石大道，十步一梅，品种各异，入村曾有"御书楼"，楼内一壁上镶嵌着3块碑石，额刻篆文"皇帝御书"四字，三碑正中均刻两字，分别为"清忠""昭光""儒硕"。楼前有一石塘，塘边植一株槐树，可能是槐塘村名之由来。向西，通岩寺一道，村口有山，古树苍翠，有庙、有泉、有亭。山名曰"师山"，其泉水至冬不见，入春又出。亭名龙玉，过亭有石桥，白沙流水。向北，通富堨一道，村口有龙兴独对坊，其上刻有朱元璋召见族人唐仲实问答内容，留下了一段"布衣交天子，忠言留百世"的历史佳话。其他数道，过去同样建有水口建筑，或庙，或亭。

徽州区唐模檀干园

　　唐模檀干园水口景观。檀干园又被誉为"小西湖"，其充分利用天然的湖山坡地，因地制宜，"巧于因借"，融山水、田野、村舍于一体，形成独特的徽州园林风格。正门原为两进建筑，门屋匾额上书"檀干园"三字。后期，许承尧改题成"檀干公园"。鹤皋精舍为檀干园主体建筑，上、下对堂，中有天井。上堂恢宏大度，气宇轩昂，下堂客室整齐，窗明几净。正堂有程天放所题"鹤皋精舍"横匾。舍周杂植各种花木，陈设徽派盆景。春秋佳日，游人辐辏，多在此品茗对弈，园林幽雅，风光秀丽，颇能怡情悦性。镜亭四周临水，是檀干园的中心景点。它由亭、廊、抱厦、小院、平台等结构而成。过云桥为小门，拾级而上，门首有"珠液"横匾。亭外为石砌平台，门内有曲廊，通过回廊到亭的中间。亭的平面为"凸"字形，面积达 106 平方米。其后部为歇山屋顶，前半部分为卷棚屋面，有 6 个翘角。亭下部为 16 根石柱。石柱上接短木柱。上部用梁、枋拉接。上承檩条、老檐椽和望板，盖小青瓦，四面飞椽，并有翼角起翘。亭四面均有回廊，三面设美人靠和栏杆。正面明间为格扇门，上方有"镜亭"横匾。最珍贵的是亭中间前后两墙壁上镶嵌的历代名家书法碑刻 18 方，龙蛇隐壁，铁画银钩，至今完好无损。镜亭更增添水口景观的文化品位。

第四节　徽州景观建筑小品

牌楼、拱门、过街楼等建筑常设置于徽州村落街巷之中，是街巷的标志，丰富了街巷的空间层次和景观。

牌楼，也称为"牌坊"，其本身并没有具体的使用功能，主要分为旌表坊和标志坊两类，是一种纪念性的景观建筑。牌坊有砖坊、木坊、石坊等。牌坊平面多为四柱、二柱呈"一"字形，极少数为四柱、八柱呈"口"形及"八"字形。

旌表坊大致有 5 种类型：仕科坊、百岁坊、节孝坊、贞烈坊、神道坊。除神道坊建于先人墓园前外，其他牌坊多数建于要道路口、街旁，或横跨道路，也有置于宗祠前的如磡头村的节妇坊。

标志坊多建于村口、街巷，也有建于城镇和村落之中，横跨街巷起到标志的作用。歙县郑村街道北侧一巷口，醒目地矗立着一座"贞白里"牌坊，因该牌坊俨然如门，当地人亦称之为"贞白门"。"贞白里"牌坊始建于元代末，石质，仿木结构，两柱单间三楼，宽5.7m，高8m。石柱内侧有门框卯口，可能旧时设有木门。一楼额枋上篆刻"贞白里"3 个大字，二楼横匾为"贞白里门铭"。"贞白里坊"作为里坊，原为汉唐时京都的城建常制，宋元时已不多见，目前在全国也少有如此完整的里坊。现在，徽州村落保存下来位于巷道口的牌坊还有：位于绩溪仁里村街一侧巷口的牌坊，该牌坊于明嘉靖年间立，二柱一楼，宽约2.4m，高3.3m，平梁、麻石；位于绩溪县礴头村一巷口的"双脚坊"，该牌坊为清代建筑，麻石，二柱三楼，通宽4.4m，高约8m。

歙县许村双寿承恩坊与大观亭

徽州的牌坊是一种被广泛地应用于旌表功德、标榜殊荣的纪念性建筑。从本质上看，牌坊也是宣扬封建伦理道德的物化表现。从结构上看，它包括下部的仿木构基础单元和上部的楼两部分。早期的牌坊有单间两柱三楼式、三间四柱三楼式，后被形态更壮观的三间四柱五楼式取代，如黟县西递的胡文光牌坊。明代后期，徽州出现了立体式造型的石牌坊，如歙县城内的许国大学士石牌坊。

歙县许国石坊。许国石坊俗称"八脚牌楼"，是中国古牌坊之孤例。整座牌坊四面八柱，各连梁枋，由前后两座三间四柱三楼和左右两座单间双柱三楼的石坊组合而成。整座牌坊宽0.77m，长11.54m，高11.4m，石坊遍布雕饰。梁枋两端浅镂如意、缠枝、锦地开光；中部菱形框内深浮雕，在巨龙飞腾、鱼跃龙门、威风祥麟、龙庭舞鹰、麟戏彩球、凤穿牡丹等12根巨大石柱的台基上，有神态各异、生动活泼、或蹲坐或奔扑的12只石狮。整座牌坊气势恢宏，造型威严，雕塑精美，建筑华丽。

歙县丰口四面坊。该牌坊位于歙县富堨镇丰口村，建于明万历年间，为旌表明代丰口人郑绮而建。形制独特，为4柱四面的正方形，每面看去均为一个二柱三楼式石坊，即为4个石坊的组合。石质主要为花岗岩，字牌枋板为红砂岩。南面额坊上刻有"宪台"二字，垫板上刻有"云南按察司佥事郑绮"。北刻有"敕赠""廷尉"，西面刻有"恩荣""进士"。该坊脊檐下有华拱，恩荣匾左右雕龙纹，檐柱下雀替雕饰花草。此坊是现存年代较早的徽州立体式石坊。

黟县西递胡文光胶州刺史牌坊。牌坊通体采用黟县青石，为三间四柱五楼式结构。该坊中间两柱前后雕有两对作为石柱支脚的俯冲石狮，造型逼真，威猛传神。梁枋、匾额、石柱、倚柱、斗拱都装饰有对称的雕刻图案，且多有寓意。如檐下斗拱两侧，饰有 32 个素面圆形花盆，象征花团锦簇，后竟应验了胡文光为官 32 年；雕花漏窗上，有牡丹、凤凰、八仙和文臣武将，以及游龙戏珠、舞狮要球、麒麟嬉逐、麋鹿奔跑、孔雀开屏、仙鹤傲立等石雕，个个细腻生动，无不活灵活现。石坊前后都有题签镌刻，二楼额枋上刻有"登嘉靖乙卯科奉直大夫胡文光"字样，三楼匾额东、西面分别刻着"荆藩首相"和"胶州刺史"楷书大字。

绩溪县龙川的奕世尚书坊。该牌坊是明嘉靖年间为户部尚书胡富和兵部尚书胡宗宪而立。胡富是明成化戊戌科进士（1478），胡宗宪是明嘉靖戊戌科进士（1538），两人刚好相隔 60 年荣登金榜，且先后任尚书，故称"奕世"。牌坊高大威严，以石雕技艺精美著称。牌坊的梁、柱、枋、抱鼓石等主体构件都用花岗岩制作；屋面、斗拱、雀替、匾额、花板等装饰件则以茶园石雕刻。画面主要有瑞鹤翔云、鲲鹏展翅、二龙戏珠、双狮滚球。工艺上兼用半圆雕、浮雕、透雕手法，层次丰富，虚实对比强烈。奇禽异兽，栩栩如生，技艺高超，堪称徽州小品建筑的瑰宝。

歙县昌溪员公支祠木牌坊。全部选用优质柏树建造，四柱三楼，八角翘起，牌坊高 7m，宽 8.8m，一字形四木柱上架置重檐木坊，表现出高超的建筑技艺，造型布局合理、雕刻技艺精湛，且能保存至今，实属难得。

多座牌坊组合成牌坊群，或称"牌坊林"。从前在徽州是很常见的景观，如：西递村口曾有 13 座牌坊，绩溪县城华阳镇原有牌坊 66 座。

棠樾牌坊群，是由鲍氏家族经明清两代而建成。现存 7 座牌坊自西向东纵向排列，矗立在进村的大道上。明代 3 座，清代 4 座，分别是鲍灿忠孝坊、慈孝里坊、鲍文岭妻汪氏节孝坊、乐善好施坊、鲍文渊继妻吴氏节孝坊、鲍逢昌孝子坊、鲍象贤尚书坊。在吴氏贞节坊与乐善好施坊之间，有小亭一座。四角攒尖顶，屋角四翘，下有风铎。亭东、西面有墙，上开方门，门额隶书"骢步亭"三字，为清代大书法家邓石如手笔。牌坊群、村头祠堂和牌坊间的骢步亭，构成了棠樾独具特色的村口景观。现在它们已经成为徽州文化的标志性景观，棠樾牌坊群也成为全国重点文物保护单位。

稠墅牌坊群，位于郑村镇稠墅村西，建于明清两代。稠墅村多汪姓聚居，明清之际多富商，有名园巨宅。现存于村西的 4 座牌坊，一座为明天启年间所造，其余三座为清代所建，均为四柱三间三楼冲天式石坊。四座牌坊自西向东依次为：吴氏节孝坊、褒荣三世坊、方氏节孝坊、父子大夫坊，绵延约 500m。清建石坊体量巨大，四柱冲天，颇为壮观。

过街楼是徽州街巷中常见的一种景观建筑。过街楼具有一定的进深和厚度，空间分隔作用更强，行人穿过过街楼经历了三重空间层次：街巷空间——过街楼洞空间——街巷空间，视野也由此经历了由开至合、再由合至开，由亮至暗、再由暗至亮的过程。因过街楼而产生的街巷空间变化，在行人的心理和视觉感受上都会留下深刻的印象。歙县呈坎村中现存多座过街楼。

亭。亭在中国园林中的地位非常重要，园离不开亭，在古代，园林更多地可称为"圆亭""池亭""林亭"等。今天仍存的园林也还有以"亭"来称代园名的，如北京的陶然亭、绍兴的兰亭、苏州的沧浪亭等。"亭，留也""亭，停也"，亭主要是供人游览过程中停留、赏景的。徽州乡道迢迢、行旅艰难，常在道路上每隔数里置路亭、茶亭，供行人停留、休息，有些路亭、茶亭还作为行政管辖区域的标志。徽人多视建路亭、茶亭为善举。

徽州区西溪南绿绕亭。该亭始建于元代，位于徽州区西溪南村老屋阁东南墙脚下池塘畔，有过多次重修。亭平面近正方形，通面阔 4m，进深 4.36m，高 5.9m。亭结构与雕饰风格与毗邻的明代民居老屋阁相似，唯月梁上绘有包袱锦彩绘图案，典雅工丽，有元代彩绘遗韵。亭临池一侧置"飞来椅"（美人靠）。在亭中近可观繁茂场圃，远可眺绿茵田畴。该亭现为安徽省重点文物保护单位。

歙县许村大观亭。该亭傍临昉溪，建于明嘉靖三十年（1577），清康熙二十二年（1633）重修，为三层檐亭榭建筑。该亭底层为八边形，每边长 3.5m，占地面积 64.6m²。亭介于两座牌坊之间，跨街而建，南、北辟门，中间通道。亭分三层，一、二层各有 8 个飞翘的檐角，当地人又称其为"八角亭"。自明朝以降，许村因有士大夫文化的底蕴，又拥有外出经商得来的财富，故日趋富庶。富庶之余，文雅当然是最时尚的消遣活动了。大观亭的第二层便是当年村中文人展现古玩，品评观赏收藏的宋元书籍、法帖奇绘、名墨佳砚之所，亭故名"大观"。

婺源李坑"申明亭"。该亭建于明朝末年，是昔日李坑村民聚会的场所，用以申明道义、惩办违犯村规者，同时也是村民看戏之处。有趣的是，"申明"的"明"字不是日字旁，而是目字旁。这是告诫李姓子孙须

徽州

"耳聪目明"，时刻用眼看清什么事能做，什么事不能做。亭上楹联所题："亭号申明就此众议公断，台供演戏借此鉴古观今"。这就把申明的作用概括出来了。

廊桥景观。徽州还有相当数量的古代廊桥保存至今。婺源清华镇彩虹桥为宋代古桥，廊虽多次重修，仍保留了原有风貌。婺源县浩溪桥和歙县呈坎环秀桥均为元代古桥。明清廊桥遗存就更多，典型实例如婺源县庆源村福庆桥，其将二层楼垂直叠加于拱桥上。歙县北岸风雨廊桥，桥身石砌三拱；廊为砖木结构，粉墙黛瓦硬山顶，朴素大方；廊的西侧开有满月、花瓶、桂叶、葫芦样式的8扇漏窗，改变了长廊的单调感，也使廊内观景有一优美的景框。婺源甲路的花桥、唐模和许村的高阳桥等也是徽州著名廊桥。

第五节　庭园与私家花园

园林化的徽州村落多拥有各式各样的园林，形成"园中园"。新安大好山水为徽州园林的产生、发展提供了素材和舞台。徽州早在宋元时期已有造园活动。从方志、谱牒、诗文中梳理，就见有数十处之多，其中宋代较著名的有绩溪的"乐山书院"，婺源的"朱氏园"，歙县的"醉园""先月楼"；休宁的竹洲"吴氏园亭"，首村的"朱氏园亭""东野山房"，璜原的"吴氏园亭"，龙源的"越氏园亭"；黟县的"培筼园"。元代有休宁的"林泉风月亭""醉经堂""月潭朱氏园亭""秋江钓月楼"等。现除黟县碧山"培筼园"尚存部分水石遗构，其余均荡然无存。（殷永达：《徽州古代园林》，《徽学通讯》第13、14期。）只能从一些文献中了解当初的一些情况，如"首村朱氏园亭，宋朱惠州权建。有芳洲、濯缨亭、拂云亭，皆休游乐之所"（弘治《徽州府志》）。"竹洲吴氏园亭，在上山，宋吴之肃公做建，有流亭、净香亭、静观斋、直节庵、梅隐庵、遐观亭、风雩亭、朝爽亭"（弘治《徽州府志》）。

黟县碧山"培筼园"为南宋碧山人汪勃所建，汪勃是南宋绍兴二年（1132）进士，初任严州建德主簿，绍兴十三年入京，升任御史中丞，绍兴十七年，调任签书枢密院兼权参知政事，封新安郡侯。后任湖州知府，有德政，百姓称其为"贤哲太守"。后辞官归里，建"培筼园"以颐养天年。筼者，竹之皮，古人也将其作为小竹的别称。主人为园取名培筼园，可能也是居者退居故里的一种心态的反映。培筼园面积大约2000m²，园中有池塘、竹林、石笋、假山、古木、花卉。园中小路上，有用巨大石块堆成的卷洞，隔断园中景色。穿洞而过，方能见到园中另处的景色，洞顶花木扶疏，并敷有石桌、石凳，登上洞顶，视线越过围院，碧山村的远山近水尽收眼底。时任南宋礼部侍郎张九成曾来培筠园拜访主人，张九成在碧山流连数月，与主人一起寄情山水之间，临行时，在培筠园为后人留下脍炙人口的《碧山访友》七言绝句。

明中期开始，江南私人造园之风愈演愈烈，至清犹然。徽商输金回乡，在故里大兴营造之风。如歙县西溪南有果园，许承尧《歙事闲谭》录有："琐琐娘，艳姝也，妙音也。明嘉靖中，新安多富室，而吴天行亦以财雄于丰溪，所居广园林，侈台榭，充玩好声色于中。艳琐娘，名聘焉，后房女以百数，而琐娘独殊，姿性尤慧，因获专房宠。时号天行为百妾主人，主人亦自名其园曰'果园'。"① 果园"原有一大塘一小塘，树有柿、枇杷、花红、梨、枣、杨柳；花有芙蓉、蔷薇、梅、橘、石榴、牡丹、月季、海棠、桂，唯白玉簪树高约三丈，此特别之花也。此景有六：仙人洞、观花台、石塔岩、牡丹台、仙人桥、芭蕉台。"（《丰南志》）西溪南村目前存有明建野径园、水园废址，从曲岸荒丘、残垣断壁中，可见当时的规模胜景。歙县富堨村有汪氏娑罗园，以两株珍贵的娑罗树得名，建于清初，占地面积 $660m^2$，现存门额、部分院墙和花坛、水井。两株娑罗树仍然高矗云天，枝繁叶茂。

除了徽商的经济基础，新安画派、徽州雕刻等艺术成就都直接或间接地促进了徽州园林的发展。其中新安画派对徽州园林的影响是十分明显的，徽州园林创作同新安画派创始人渐江的"敢言天下是吾师，万壑千岩独林黎"的画理，因就自然，师法自然，追求象外之象、景外之景的意境，或于园内平岗叠石，或以壁为纸，以石为绘，与园外真山真水浑然一体。或与新安画派一般，以清疏之笔墨，端庄灵气于清旷之中，体现了徽州园林天然、简远、疏朗、雅逸之特色。更有者，徽州不乏擅长诗画的文人雅士，他们常常参与园林的设计与建造，对徽州园林起着直接的影响。相传歙县西溪南的果园为唐伯虎、祝枝山绘图规划，雄村的竹山书院由袁枚参与造园设计。可见文人对徽州造园的影响是不可低估的。

受"大好山水"、徽商、新安画派等艺术以及风水说的综合影响，徽州园林既有古朴的田园风光，又超越了一般农人的境界；既是世外桃源，又有奢靡之态的多重特征。根据徽州园林的特征以及在村落中所处的位

① ［清］许承尧撰；李明回等校点. 歙事闲谭［M］. 合肥：黄山书社，2001.

置，徽州园林大致有公共式、园圃村居式、庭院式等类型。

歙县潜口水香园。该园位于潜口紫霞山麓，景色秀丽为画家、诗人所称颂，吴逸画的水香园图刊在康熙版《歙县志》首页，清时著名画家梅清曾游览水香园，作《水香园记》："园在紫霞峰下，门临阮溪。入园即见方池，池四面即古梅，不可以数计，铁干婆娑，蔽空扑地，或横或斜，万状无端，今游者不能骤行，不能停视。由霞山草堂左折为索笑轩，又右折为宛在亭。石栏环绕，夹水为桥，桥下溪流淙淙有声。右折数十武为碧泥楼，楼三面皆梅，一面则霞山法镜台也。梅花虽落，流水犹香，予与东岩坐卧其下，何异入罗浮梦中。"[①] 水香园今已不存在，但今人仍从水香园图和《水香园记》中感受其昔日之盛境。

园圃村居式园林，接近农人生活，但又不同于一般完全实用的菜畦、果园、鱼沼、农田，往往以林木或井泉为畎亩中心，以畦田为辅，邻接自然，有路作连接，环境幽静，富有情趣。关于徽州村落园圃村居式园林，文献多有记载，目前也有留存。如"（休宁）吴仲子用良，从方士学养生，舍后治圃一区，命曰玄圃。居常艺花卉树竹箭，畜鱼鸟充牣其中，每得拳石、巉岩、蟠根诘屈，不啻珊瑚木难。主人黄冠而肃羽，人以为上客。既又岩栖白岳，筑斗室以当望仙，时而出王，于是乎尸居，此一息也。其客虎林，受一厘吴山下，竹石亭榭视玄圃有加，则再息也"（《太函集》卷52）。

黟县古筑村中曾有"华萼园"，建于明崇祯年间，内有天香阁、乐鼓轩、琅玕坞和松亭等，古木蔚然。有诗赞曰："古筑村中华萼园，青葱古木绕高轩。雪飘墙角山嵯落，月荡楼石丹桂馨。"

园圃村居式园林，有于宅旁的，有与宅隔巷相望的，也有如记载中的山庄式的，如泾川"莘野家风"山庄。徽州地少人多，村落各类园林中以住宅庭院式最多，这是徽州仕人、富贾知还逸老、欲求商息、雅致村泉、共叙天伦、筑室建园的主要方式。这种庭院规模较小，大都一二百平方米，也有数百平方米，与住宅等结合紧密，紧凑而活泼。众多庭院利用矮墙、漏窗、门洞、廊庑、槛窗、隔扇、敞厅等因借远景、巧纳近部，形成"窗中列远岫，庭际俯乔林"的意境。庭院则通过植物、水池（井）、建筑及细部的巧妙安排和处理，营造出构图完整、紧凑、布置合理、趣味盎然的庭园空间。庭院中的植物很少用冠大荫浓的乔木，多为小乔木、花木，如竹、石榴、枣树、山茶花、棕榈、天竹、黄杨及藤萝等。徽派盆景是庭

---

① 汪大白. 潜口——人文村落风雅家园 [M]. 合肥：合肥工业大学出版社，2013.

园中重要构景物，它主要包括山水盆景和树木、花草盆景等。山水盆景以各种自然山石为主要材料，经过精选和锯截、雕琢、拼接等技术加工，表现悬崖绝壁、险峰丘壑、翠峦碧涧等自然界的山水景象。树木盆景多表现旷野的巨木、山野的奇树和各类丛林景色，千姿百态，形式各异，各具异趣。有的树形挺拔，枝干苍劲；有的悬根露爪，老干虬枝；有的叶形奇特，叶色秀美；有的繁荣似锦，硕果累累。花草盆景以花草或木本花卉为主要材料，配以山石等点缀，既有名花芳草的观赏价值，又有盆景造型整体构图的优美，生动活泼，极富画意。庭园内的盆景、植物等形成耐看的近景。近景、远景，诸景交融，扩大、丰富了居住环境，具有园有限而景无穷的艺术效果。

黟县西递村西园。该园由清道光年间四品官胡文照所建，距今已有160 多年的历史，它用一狭长的庭院将一字排开的三幢楼房连成一体，庭院虽以墙分隔成前园、中园、后园，但是用青砖与大理石砌成的长方形大漏窗，与相连通的圆月形、秋叶形、八边形门洞错落相对，使得整个西园庭院的景致均处在"隔与不隔、界与未界"之间。西园庭园空间处理手法既是狭长空间在尺度上的一个突破，又是流动空间的相互延伸。花窗、门洞，使庭院空间你中有我、我中有你，层次分明。园中植树栽花，花台、假山、鱼池、盆景使庭院更具幽深之美。

宏村水园民居。广建水园是宏村民居一大特色，知名的有德义堂、承志堂、碧园等。这些水园民居利用牛肠水圳流经门前屋后的活水，用暗道引进民居庭院内，在院中修筑一方泉水池，临水建园。"家家门前有清泉"的黟县宏村，居民庭园自然也离不开水，水院成为宏村庭园的重要特征。德义堂坐南朝北，建于清嘉庆二十年（1815），为二楼三间结构，一楼厅堂前墙系一排十六扇花隔扇门，一扇小门有联曰："池中岁月色，庭上放书色。"厅堂前以一小水池为中心形成水园，水池、暗道与院外水圳相通，池内碧水长流。池的两边为石条凳，上置盆景，另一边为院墙，还有一边则是隔池对景的小水榭。水榭左侧为大门，建筑小巧精致，庭院生辉。水园东、西两侧分设有一明一暗两个花园，以植枣、桃、梨、柿、枇杷等果木，有小门与居家及外部空间相联系。西花园除树木外，还有石花台、石桌等，靠水园隔墙开有圆形漏窗和一半人高的水扉，连通水园与西侧花园的景致，自身也有装饰之美。碧园建于清道光年间，三间二楼结构，院门南向，楼房坐东朝西，登楼放眼，山峦平野尽收眼底。楼前庭院虽占地不多，但掘半月形水池，引水圳活水入池。池弓背置有石条花台，摆设花木盆景，水池弦部正楼前设有美人靠栏杆，中为玲珑水榭，旁侧为长廊，出

徽州

067

楼厅即入水榭，如襟带环绕，楼间隐榭，水际设亭，灵巧别致。

庭园多设隔墙及各式门洞、漏窗，景致时隐时现，富有变化。以花窗、漏窗等融合景色，是徽州庭院式园林的一个重要特征。歙县棠樾的遵训堂为鲍志道弟鲍启运建于清嘉庆年间之私宅，正房毁于咸丰年间太平天国之役，现仅存东侧隔一弄的"存养山房"和后进的"欣所遇斋"。两处均为厅堂，用一面极大花窗相隔。厅堂天井内摆放山水、树木、花草等各式徽派盆景，盆景成为庭院的主题。"欣所遇斋"之"欣所遇"出于《兰亭序》，漏窗随云影光线变化，风声际耳，道出"当其欣于所遇，暂得于己，快然自足，曾不知老之将至"的境界。

歙县雄村竹山书院

书院园林。徽州村落中，书院园林最具文化品位。歙县雄村竹山书院是典型代表。其他书院也是园林化的，如黟县南屏半春园，又称梅园，建于清光绪年间，是南屏村叶姓富商为后代读书而建造的一所私塾庭园。庭园分两部分，依山溪流向呈弧形。园门篆体眉额"半春园"，为庭园增添了几分古朴典雅，入园门为一个庭院，靠墙一方砌有半人高的大鱼池，池水清澈，游鱼戏玩其间。与鱼池相对的是三大间私塾书屋，莲花隔扇门，半腰花格窗，屋内光线充足，便于孩童读书习字。穿过书屋左侧刻有"巡檐""步月"门额的小门，便是半春园的另一部分——花园。花园呈半月形，与书屋同向，依墙是六间半月形的回廊，沿壁嵌有"逸趣""留香"等石刻，回廊一侧设有美人靠，供人坐赏园景，且有木雕满月门通往园中。园中植牡丹、木樨花、古柏、罗汉松等各种名贵花木，以梅花为最，置假山、花台、石几、石凳等，别有情调。同村西园，建于乾隆五十六年（1791），乃叶姓族人为孩子们修建的读书之处。西园规模较大，占地十余亩，背山临溪，环境优雅。园一半为房屋，一半是庭院。正厅书房、官厅、厢房、亭台、回廊相连，临院建筑均设有藻井和雕花隔扇门，光线充足。园中庭院分为四部分：牡丹园、梅竹园、山水园和松柏园，分别置花台、鱼池、石桌、石凳，植松、柏、竹、梅、木樨、石榴等花木。西园不仅是孩童们读书之地，也是远近文人雅士聚会赋诗作画之所。清代著名学者姚鼐应邀作《西园记》，此记曾雕成碑，嵌于正厅太师壁。今虽西园无存，但从《西园记》中透露出的作者未游西园之遗憾，也可间接地感知当年西园的盛景，同时也能深深感受到姚鼐对徽州重教风尚的称赞。《西园记》曰："……（黟城）南十里许曰叶村，村有曰西园者，叶君华年冠山之所为也。冠山笃行君子而好文学，老于诸生，于其宅西为屋数间，背山临溪为课子读书之所。其子有和从余学，为文卓然，有志于古。昔人称洛阳多名园，极巨丽闳旷之观，惟司马温公独乐园至狭陋，不足竟其胜。然人尤重其园者，以温公故也。今西园亦数亩地耳。然有贤者创于前，佳弟子承于后，安知异日世不绝重此园，以谓逾于巨丽闳旷者耶？余年二十二尝一至黟，未与叶君相识，其时君之子尚未生，园尚未作也。后几四十年乃至歙，去黟不远，亦未及识君而归。独君之子见告家有是园而已。今君没逾年。君之子书来述君临没欲得余文为园记。余老矣，殆不能人万山之隘以见所谓西园者，又念能增重此园者，君子也，岂在余文乎哉？顾重君之贤，伤君爱余之意，姑为文述之，以勖君之子，至于作园之日月及溪谷临眺之胜，足以娱人耳目者，皆不足论也。"①

第六节　徽州村镇"八景""十景"

凡名都大邑，多有"十景""八景"之称，一来以此向世人炫耀家乡的山水之美；二来也为文人雅士提供吟诗作赋、抒怀遣兴的好题目。徽州村落具备了园林的基本要素，构建了园林化的村落环境，园林化的村落环境富有审美价值，有许多可供观赏的景点，古代徽州人借用园林"八景""十景"等构景手法，对村落的主要景点进行点题，为赏景创造出一种美的意象，给人以诗画般的联想和感受，使村落景观更加生动、更具文化内

---

① 舒育玲，胡时滨. 南屏——桃源深处又一村［M］. 合肥：黄山书社，1994.

涵。更有一些村落，不仅将村景入诗，更以村景入画，赏心悦目，意味无穷。

据《罗氏族谱》记载，"呈坎八景"分别为：永兴甘泉、朱村曙色、灵金灯现、众峰凝翠、鲤池鱼化、道院仙升、天都雪界、山寺晓钟。再如西递胡氏后人也将西递的山川风光总结成八景：罗峰隐豹、天井垂虹、石狮流泉、驿桥进谷、夹道槐荫、沿堤柳荫、西馆燃黎、南郊秉来。宏村汪氏后人也曾将宏村的山川风光总结成八景：西溪雪霭、石瀚夕阳、月沼风荷、曾岗秋月、南湖春晓、东山松涛、黄堆秋色、梓路钟声。由于很多景色现已被破坏，有些我们只能从文字中感受其意象。通过徽州村落的八景构成，可以看出徽州自然山水景观为物境的主体，人文隐含为意境的基础，每一景为一幅意境画。格调高雅而又朴实自然，展现出一幅幅田园牧歌式的乡村画面，充分表现了徽州地区优美的自然景观与人造景观的完美结合。

徽州府城"八景"。屏山春雨、乌聊晓钟、黄山霁雪、飞布晴岚、紫阳山月、练溪朝云、渔梁夕照和白水寒蟾。

休宁"海阳八景"。海阳为休宁旧名。"海阳八景"之胜有：一曰"白岳飞云"。白岳，即齐云山。该山千峰傲耸，万石峥嵘，层林深邃，飞泉飘洒，终年山气升腾，雾霭缭绕。立于山上，一望无垠的丘、林、田、川，尽被飞云流烟所淹没，如幕如障，欲吞欲吐；峰峦朦胧，时隐时现，若浮若沉，瞬息万变，展现了齐云山的云海奇观。诗云："白云何处来，须臾四充塞，弥漫亘天关，周匝满城域。"二曰"寿山初旭"。万安镇东有古城岩，即寿山。登立山巅东望，大气磅礴，水阔天空，一轮红球冉冉升起，如火映金盘，光芒四射，红霞灿烂，东方尽赤。三曰"松萝雪霁"。县北郊松萝山，山势高峻，蜿蜒曲折，松萝漫径，怪石罗列，风景优美。冬日，玉屑纷飞，奇峰披银装，松竹挂冰花，分外晶莹。若晴日，则红装素裹，更增妖娆。诗云："风敲松涧千条玉，日射萝峰几点青。"蔚为壮观。四曰"屯浦归帆"。屯溪为横江与率水汇合处，山清水秀，江回峰转，地处水陆交通要道，素有"十里槅乌"之称。每当夕阳西下，归帆停泊，屯浦十里江面，帆樯林立，桅火与街灯相映生辉。五曰"凤湖烟柳"。城西凤凰山下，白鹤溪与夹源水汇合处，昔有泊名凤湖，湖边栽满了柳树。春夏佳日，柳丝轻拂，微风送爽，碧波荡漾，景色醉人。每当晨曦初露，曙光高照，湖面雾气霭霭，若云若烟。六曰"练江秋月"。城南郊，吉阳、夹溪二水合流，汶溪水色清澈澄碧。每当秋高气爽，明月当空，则是"秋光似练月如水，十里汶溪月涝桥"。如果是月相在上弦或下弦时间，则是

"出云面面拥寒溪，江底初沉月一钩"，别有风光。七曰"落石寒波"。横江水、夹源水交汇在县城西南郊玉几山西北麓，潴为深潭，名落石潭。水清影碧，风光秀丽。潭南峭壁矗立。当溪环绕的中间，有巨石一方，若从云天下坠，名落石台。台面平整，可坐百人。又有云头石，为下流藩蔽。诗云："日映树梢添翠绿，风来水面听鸣弦。"八曰"夹源春雨"。夹源水自县北曲折南下，三面绕城，环流如带。从北郊新塘村观音阁，逆水上行，两岸高峰对峙，一水中分。山峦林壑，郁郁葱葱。清明时节，春雨蒙蒙，远山景物，尽被云霭笼罩。近处田园村舍，错落参差；小桥流水，渔舟横泊，如入"武陵桃源"。有诗句赞曰："春生气象回寒谷，雨弄芬霏失远村。"①

歙县江村"八景"。歙县城北江村，碧山遥环、清溪旋绕，是一座拥有诗情画意的村落。村中、村边的自然景观、人文景观构成的江村"八景"，勾勒出江村风光的概貌。一曰"洪相晓钟"。江村村东2里许有洪相山庙，每当晨曦初露，林扉未开，竦钟递响，余音缭绕不绝。二曰"王陵暮鼓"。唐越国公汪华奉敕建寝殿于村南云岚山，其地近军营，暮鼓初挝，响彻空山。三曰"松鸣樵歌"。村北坞，古松参差，朝晖夕阴，林翠欲滴，村民樵木其间，歌吟以适，颇是野趣。四曰"绿溪渔唱"。村源出飞布山，水环村南，渔歌互答。五曰"云朗岚光"，村外有云朗桥，傍桥依山，筑有小亭，四周松篁葱郁，甚为幽静。六曰"飞篷月色"，为村中赏月胜境。七曰"白石晴云"。村北鸡冠山奇石突兀，积雨初收，云自石隙中缕缕腾起。八曰"紫金霁雪"。由村中东望紫金山，腊月之际，则烟岚隐约，晴光皎雪，玉树珠簪。

黟县关麓村"八景"。一曰"柳溪听莺"。村前溪水清澈荡漾，昔日溪畔柳荫浓密，黄莺栖枝。二曰"问渠书屋"。村中有园林式建筑问渠书屋，内设鱼池，誉为"问渠观鱼"。三曰"月湖映月"。村中月湖水明如镜，皓月当空，月映湖面。四曰"湖畔垂钓"。月湖西畔，昔日雕栏玉砌，村人闲情垂钓。五曰"西山雨镜"。月湖对面石壁山巨石突兀，雨后初晴，石壁反光如镜。六曰"古树琴音"。村中一株古树，传说会发出美妙的琴声。七曰"暮鸟还林"。村东松树山，昔日古树参天，黄昏时群鸟归巢。八曰"夜聆松涛"。夜深人静，山风劲吹松林，松涛阵阵。

黟县古筑为孙姓聚居地，为古黟名村，昔日有"八景"：星墩聚秀、

---

① 休宁县地方志编纂委员会. 休宁县志 [M]. 合肥：安徽教育出版社，1990.

棋枰仙迹、怪石嶙峋、乌潭澄碧、桂冈夕眺、桐岭松涛、武溪流霞、东山啸月。

祁门县城"梅城十二景"。塔峦高眺、阊门石峡、金粟松涛、双桥夜月、东山夕照、十王潭影、珠溪曲坞、青萝线天、甲第樵市、云艺竹冈、狮峰邃壑、同佛庄严。

祁门贵溪"八景"。一曰"夫子名山"。山在村中,上建夫子庙,乡学设其中,为读书论学之所。山顶平如垣,遍植金桂、翠竹,风景清幽。二曰"将军峻岭"。三曰"孤山梅雪"。村之西北大孤山,势巨孤高,昔日植梅花数百株,为赏梅佳地。四曰"五岭松风"。村北五岭,两山夹壁,山势险峻,苍松成荫,风吹松林,松涛阵阵。五曰"青岩晓云"。村西南青岩山有一洞,其间晓云氤氲,千态万状。六曰"白杨夜月"。白杨院位于村北5里处,万山丛中,一坡顿起,顶上垣平如盘,宽广数亩,四山如抱,万峰踞俯。古建寺院于上,广植白杨树、凤尾竹、木莲果、樟树等。七曰"平峰列翠"。村东平峰山拥翠堆青,如开图画。八曰"大桥卧虹"。村人在村中架石为桥,形似虹霓横卧。

绩溪磡头村"八景"。屏开锦张、甑峰毓秀、石室清虚、逢山作壶、岩存仙迹、洲涌金鱼、鸾回天马、玉泉鸣佩。

黟县屏山村"长宁里十景"。屏风拥翠、吉阳晓月、三峰耸秀、吉水流波、石洞春天、梅林香雪、八桥观获、比屋书声、丹台夜火和莲塘玩月。

婺源豸峰"十景"。寨冈文笔、田心石印、曜潭云影、东岸春阴、水口诰轴、船漕山庵、倒地文笔、鸡冠水石、笔架文案、回龙顾祖。婺源清华古有"清华八景":藻潭浸月、如意晨钟、双河晚钓、寒山叠翠、东园曙色、南市人烟、花坞春游、茱岭屯云。

歙县瞻淇"十景"。八角古楼、岐山九老、鸣凤在竹、犀牛望日、金盆捞月、文笔峰桥、九柱梅墙、笔架紫荆、青梅竹马、秀峰翠巅。

歙县碣田"八景":竹林清幽地、芦野阳绿田、汪塘夜月皎、吕冢朝云烟、古圣离堂铎、竺溪禅寺泉、蓉菰段牧笛、菖蒲滩钓川。

黟县黄村"八景"。竹溪垂钓、枫林称觞、古寺夕阳、芳亭揽秀、葛社催耕、茅岗步月、霞坞横云、前山积雪。

黟县西递"八景"。清人胡光台作八景诗赞西递。一曰"罗峰隐豹"。村之前,有峰秀而圆。阴雨晦暝,咫尺莫辨,如有文豹变幻于其上,诗曰:"雾霭溟濛识者稀,芸萝深处玉芝肥;漫言文蔚韬空谷,会有征书出紫薇。"二曰"天井垂虹"。村之东,有山高几百仞。山巅有井,水沸而清，时或长虹贯日垂饮，诗曰："百尺飞泉一道垂，泓深习坎隐蛟螭；若非玉井倾莲澍，定是银河泻练池。"三曰"石狮流泉"。村之北，有泉出石中。石形狰狞如狮，从口中喷出，诗曰："巉巉兽蹲麓之阡，流出胸中万斛泉；借问心源何混混，料应下有蛰龙眠。"四曰"驿桥进谷"。村之南数里，为西递铺，以在府西为铺递所由故名。驿谷旁有桥，凿石而成，商旅往来，车声不息，诗曰："平平周道达长安，接轸连骑度栈峦；一自相如题柱后，男儿立志拥旌干。"五曰"夹道槐荫"。又涧西流，夹道栽槐数十株。长夏日高，清阴覆地，幽雅可爱，诗曰："玉堂夹道绿荫重，争似王公手植秾；但得琼芝勤式谷，宏开绿野向云封。"六曰"沿堤柳荫"。居人缘溪筑室，旁多植柳，阴森翁郁，时或轻烟笼抹，黄鸟飞鸣，诗曰："缘柳当门拟葛天，无松无菊亦徒然；而今堤畔桑麻盛，尤胜依依舞影翩。"七曰"西塾燃藜"。昔贤构屋数楹于所居之西，俾子弟读书其中，榜其门曰燃藜馆，诗曰："郊墟旧辟读书堂，灯火荧荧照缥缃；此日焚膏勤尔业，他年奎璧焕文光。"八曰"南郊秉来"。近郊田数百亩，春雨一犁，情景如画。宜稻宜麦，岁入有常。盖所谓遗安后人者，莫大于此，诗曰："布谷声声春事勤，呼童耕破垄头云；习闻庞叟遗安训，百室开盈涣厥群。"

073

第六讲　徽州建筑安全与防灾文化

第一节　建筑防火

其一，建造风火山墙，又称作"封火山墙""马头墙"。其实，这是一道"屏风墙"，可挡风防火，称作"风火山墙"较确切，火是"封"不住的。

古建筑中屋面以中间横向正脊为界分前后两面坡，左右两面山墙或与屋面平齐，或高出屋面。高出的山墙称为风火山墙，主要作用是防止火灾发生时，火势顺房蔓延，其从外形看也颇具风格。

徽州古民居受各个学派艺术的影响，建筑风格在中国建筑史上有着十分重要的地位。它不但外观形式美，在功能结构上所采取的防火措施也非常科学，它集中体现了古人的防火意识和高超的防火措施与技术。特别是"法制长生屋"①、封火墙、防火门窗、火巷、木结构不外露等防火技术措施的发明与运用，大大减少了砖木结构的徽州民居遭受火灾的概率，这也是徽州古民居留存较多的重要原因之一。

徽州古民居建筑的形成，从防火角度上看，有如下几个原因。首先，多种文化的融合，是徽州民居建筑产生的契机。徽州民居的总体构造采用传统的楼房"户"（P）字形或"启"（B）字形的二层或三层结构式样，乃源于江南地域先民（山越人）的"巢居"，即把"居住面"架设在桩柱上的干栏式建筑（山越人为避山区瘴气、蛇虫、山洪，而将住房建在桩柱之上）。由于皖南山区特殊的地理环境，在战乱时期，逃避战乱的中原士族迁入带来了多种区域文化的汇集与融合，为综合不同区域特点的建筑风格提供了重要契机。以四周围护封火墙和中设天井为基本特征的徽州民居建筑的产生，应该说是源于江南"干栏式"和中原"四合院"两种风格的综合与统一。

---

① ［元］王祯《农书·杂录》。

集居、人口密集，必然存在建筑拥挤与木结构房屋易火烧连营的突出矛盾。火灾威胁人的生存，客观上必须采取有效的防火措施，促使村落和建筑物都具有很强的抗御火灾能力。所以，徽州的先民们有着强烈的火患意识，把火灾摆在众多灾害的首位，并想方设法消灾除害。所以，在村落选址时依山傍水，首先考虑的是要有充足的自然水源，以利于聚族而居；在村落总体布局上重视消防水源的系统建设。而此时封火墙的广泛应用，则具有客观必然性。明代弘治年间，徽州知府何歆在任期间，从府城中历次大火教训中，总结出火灾屡屡火烧连营、危及数十家至数千家的原因，归结于木结构连片建筑、无火墙防御，于是下令："降灾在天，防患在人，治墙其上策也，五家为伍，壁以高垣，庶无患乎。"① 何歆以政令的手段推广的风火墙，不仅保护了难以估计的财产，而且形成了徽州建筑的显著特征。

另外，由于建筑拥挤，徽州人民在建造村落时，就利用纵横交错的大街、小巷对全村进行防火分隔。在民居单体建筑上，则针对木结构易火患的弱点，采取一种既防内火又防外火的有效措施——木结构不外露，即采用封火墙、地砖、防火门窗、小青瓦、望砖等不燃材料封闭木结构，减少可燃物外露。可以这样说，由于生活、生存的需要，从客观上迫使徽州先民奇思妙想出了至今仍令人称绝的治火措施。

徽州民居不同于其他建筑，它高大，但窗户很小，且是砖制或石制的。整个建筑的采光大都靠天井，这与徽州人的生活方式有关。徽州有句谚语："前世不修，生在徽州，十三四岁，往外一丢。"徽州男丁刚懂事，就到外面学徒经商了，家乡则成了他们的大本营，在家里成亲，挣了钱回家盖房、修祠堂，光宗耀祖。由于徽州男人大多在外经商，家中留守的多是老人和妇孺，为了保证他们的安全，在建造房屋时，尽管房屋建得高大，却不开大窗户，这是为了防盗；窗户用石制或砖制，或是在木板上镶水磨方砖，则是为了防止外火入侵，具有防火功能。

在徽州，无论你走在哪个古村落，都会被古代的防火措施与技术所折服。古老的石库门、石库窗，纵横交错的火巷，都是古代民居消防博物馆中一件件杰出的展品。

徽州古民居的正门一般不朝正南开，因为受风水思想的影响，认为南向属火，门的朝向之所以避开正南方，目的便是避灾。古民居的大门做法

---

① 歙县新安碑园《徽郡太守何君德政碑记》。

十分讲究，一般建有门楼或门罩，在门头上还要饰以精美的砖雕。大门为双开门，门洞面积一般有 $3 \sim 4m^2$，门框为砖、石结构。门头上的过梁是一根方木料，为使木结构不外露，防止火害和风雨侵蚀，将过梁木外露的两个面镶贴正方形水磨砖，再用圆头铁钉固定。门扇采用约 5cm 厚的木基板，四周包上铁板边，木基板上涂上古老的黏合剂，镶上水磨方砖，用圆头铁钉固定。有些讲究的大门还要在砖缝之间镶以铁棱筋。

后门和通向厨房等附属建筑之间的侧门做法与大门基本相同，区别在于大门是双扇内开门，后门与侧门是单扇内开门。这种门扇上所镶的水磨方砖一般是正方形，边长约 30cm，厚度 $3 \sim 5cm$，其耐火极限应该说高于现代的甲级防火门性能。民居的外开门采用方砖镶贴表面，其目的是避免木质的门扇、过梁木直接受外火烤烧，阻止外来火源从门洞处突破窜入室内，这一处理方法既解决了门户防火问题，又保证了封火墙阻火功能的完整性。

徽州古民居的通风、采光主要是利用天井，外墙上一般不开大窗户，仅在二层及二层以上的封火墙上开有较小的孔洞窗，有瞭望、辅助通风与采光的作用。这种小孔洞窗的形式有两种。一种是"口"字形，"口"字形的窗户外观有正方形、寿桃形、八卦形等多种形状，但内部的窗框、窗叶都是方形。窗口的边长或直径一般是 30cm 左右，窗框采用石材或砖制成，窗框内四周开有凹槽，内置一块方形水磨砖窗叶，推拉开启。窗叶向左推到底是关闭，不留一点缝隙，不透一丝光线；向右推是开启，起到瞭望、通风、采光的作用。这种小孔洞窗，因口径小，可防盗贼从此入侵。古人采用砖制窗叶、砖石窗框，很显然，目的是防止外来火害从窗洞入侵。另一种是"介"字形窗，这种窗子的外形很像"介"字，它比"口"字形的窗户略大一些，一般窗口宽 38cm，高 48cm，窗框用石材制作。"介"字窗框中间有一根 14mm 以上的铁筋，此举是为了防盗。"介"字窗的窗叶为单扇内开式，长方形窗叶，一般高 64cm，宽 47cm，窗叶的做法同户门的做法相同，也是在木基板上镶水磨砖，砖面朝外。"介"字窗的叶扇看上去十分笨重，但它却能有效地阻止外火从窗户入侵。

火巷是一座大宅院内部多单元纵、横向组合时，在两个纵向或横向单元之间的一条深且窄的内部小巷，两边封火墙高出屋面，巷顶多数是半封闭状态。火巷与街巷不同，火巷是古民居建筑中一项内部防火分隔的技术措施，是大宅子内部的甬道；街巷是社区的分隔措施，是公共通道。由于徽俗宗族观念较强，家庭分家析产之后还要合院，保持内分外不分的集居风俗，采用火巷这一建筑手法来划分大宅子内部防火分区，使每个单元形

徽州

成一个个独立的防火分区，一旦发生火灾仅限于一个居住单元，而且有利于疏散和施救，减少人员伤亡，避免全宅俱毁。为了便于内部交通，火巷又是邻里出入的便道，与火巷相通的边门，相向的门是错位开设的，以防失火时相互蹿火蔓延。

火巷也是客人留宿时寄放驴马与备轿之处，所以又称马巷或备弄。火巷的主要功能是防火。如果宅内邻屋失火，则火巷两侧的封火墙可以隔离、阻止火势蔓延，且有利于人员疏散。歙县斗山街许家大院的火巷长42m，随屋基前低后高而做成上、中、下三级阶梯状，开向火巷的门是错位的，而且开向火巷的侧门是水磨砖防火门。歙县郑村的和义堂是一座清代初期汪氏住宅建筑，坐北朝南，四周是"口"字形高大的封火墙围护，占地面积1600m^2。从南面的大门进入门房后，里面是一排平行并列的三个纵向延伸的三进堂二层楼建筑，三个纵向单元之间有两条南北向火巷，分别从门房贯通到后院。火巷两侧的封火墙高出屋面。西单元是整座建筑中规模最大的单元，其头进（大厅）与二进（外五间）之间还设有一条横向火巷。全宅采用三条火巷划分成四个大的防火分区，各单元前后进之间又采用封火墙分隔，再细分出11个小防火分区。这种在单元之间采取的防火分隔建筑手法，在两道封火墙之间留有空间，一巷多用，具有鲜明的防火系统论思想。

除此之外，徽州民居在防火处理上还采取了其他一些有效措施，例如，厨房放在主屋之外，生活区与用火部位分离，减少火灾危险性大的厨房对主屋的危害；屋内摆放太平缸，修筑太平池，储备应急消防水源等。总之，徽州民居在功能结构上所采取的科学的防火措施，非常值得我们去研究和借鉴，如若身临其境，到一幢一幢民居、一个一个古村落去探幽，将会惊喜地发现，徽州是一个偌大的明清时期民居建筑消防历史博物馆，会让您深刻感受到中国式的民居建筑的深厚文化内涵。

封火墙在徽州的普及，加速推动了徽州消防技术措施的发展。封火墙出现之后，石库门、石库窗、木地板上涂三合土和铺地砖，厨房置于主屋之外，设置太平缸、太平池、防火井，建设村落消防水系，设置更楼，划分防火分区等消防技术措施也先后出现应用，使徽州明代的建筑防火技术措施达到了登峰造极的程度。

防火分区。呈坎村的这种总体布局，从现代消防角度来看，它是利用众川河、河西3条主街把呈坎村分为4个大块的防火分区，再用小巷把每个大分区划分成若干个小的防火分区。采用这种方法处理，就从大的方面基本上解决了木结构建筑易火烧连营的矛盾。

其二，木结构不外露。呈坎村古民居的防火措施十分严密，其"木结构不外露"的防火措施，令人啧啧称奇。村内每一户的建筑四周外墙均是实体砖墙到顶，高出屋面。外墙很少开有窗户，如果有，也是在二、三层楼上开窗，并且这种窗户特具防火功能。小窗户，窗框采用石或砖制作，窗叶是砖制，水平推拉开闭；大窗户，窗叶采用木基，外镶方块水磨砖，用铁制乳钉固定。进出户的前门、后门及主屋通向辅房（如厨房、杂物间等）门均是木基门扇，外镶厚3cm以上的方块水磨砖，铁乳钉固定，四围用铁皮包边。这种五六百年前的古代门窗制作得如此具备防火性能，体现出古人强烈的火患意识和智慧。山区冬天较寒冷，多用木炭烤火，为防火患，居民在一层公共活动的地面和二层木地板上铺以方砖防火，屋面覆以小青瓦和望砖。由此可见，古民居用砖墙、镶砖门、窗，楼板铺砖，屋面覆瓦，将易燃的木结构严密地包护在不燃材料之中，使木结构不外露。外火攻不进，内火难成气候。这种"木结构不外露"的做法，在呈坎村古民居中体现得最彻底、最完善、最集中，随处可见。如燕翼堂、罗会坦宅、罗会炯宅、罗润坤宅、罗会炳宅等明代民居，无不以"木结构不外露"为原则。它们虽造型各有差异，体量各有大小，但万变都不离防火功能性结构的运用。而最为典型的是元代建筑罗会泰宅（俗称老虎洞），整个建筑呈正方形，二层结构，石库门窗，封火墙，楼层铺砖，南侧二楼通向邻屋（邻屋已倒塌不存在）的门也是石库门，这是很少见的。水圳从厨房下经过，有利于生活用水和防火。

其三是科学划分防火分区。利用街道、河流将整个村落划分成几个大的防火分区，小巷则将大分区进一步划分成小分区，有些是五六户为一组，有的户家有两面墙临街巷。小巷不但是村民行走的需要，更是防火分割的需要。

其四是水龙房布局合理。村中有两座水龙房，分别布置在上村和下村的中间十字路口旁边，两座水龙房内各存放一台水龙和配套的灭火辅助器材。水龙房分区设置，能够就近迅速出动灭火，缩短水龙到达火场的时间，能够赢得少则几分钟，多则十几分钟的时间。特别是对于初起火灾，早一分早一秒，都具有十分重要的意义。

现代城市消防站的布局就是根据城市规模大小分区域设置的，以消防车出动后五分钟到达责任区边缘为标准。徽州人在20世纪30年代就能这样科学地设置水龙房，由此可见徽州消防历史文化深厚的一个侧面。

其五是心灵祈求之防火观念。古徽州人传统思维的防火意识强烈，认为火灾猛于瘟疫，列为众灾之首，在科学不够发达的古代以寄托神灵来保佑平安。人们在屋顶脊头安装龙吻，戗角上安装鳌鱼等水之精物来镇压火殃。门向的开启在传统观念上一般不朝正南开，因《易经》五行论认为南方属火，于居家不利，故人们有意识地将门开成斜向，又有门之朝向不对火形山峰等讲究。

水符是道教宣传防火的一种标志。它是在一张 16 开大小的蓝色纸上用白色粉末画成一种约定俗成的镇火符号。水符由各道院法官制作，法官在做禳火道场之前，事先画好若干张水符带至道场，在禳火道场结束时免费奉送给进香者。在做禳火道场时，各位法官也要当场画水符，这个当场画的水符则由各道院带回去张贴在自家道院门头上。水符作为道教的防火宣传符号，其作用是显而易见的。当道士、香客每次进入道院时，首先看到的是水符，提醒道士和香客进入道院要注意香火安全，防止发生火灾。

第二节 防洪排涝

干栏式建筑利于防洪。干栏式建筑修建的过程是：先用石块安好基脚，以杉树原木为立栏，用杭条穿拉起来，形成离地五六尺高的底架；然后在底架上铺以宽厚的木楼板，其上以竹木为骨架；最后用茅草盖顶建房屋。干栏式建筑整体为木结构，房屋平面结构为三间正房加两头的偏厢，房间外部以木栏作为围廊。这种干栏式建筑的下部是架空的，这样设计的优点是空气可以在其间流通，既可避潮气，还能抵御野兽侵袭，又可防洪水。从历史来看，干栏式建筑能满足包括徽州先民在内的山越人的生活需要。就单体民居而言，地狭人稠的乡土背景，使得老房子多楼上架楼，普通均为二层或三层楼房，以二层楼房居多，二层楼房有不少下层矮而上层高。一般认为，这是干栏式建筑的遗存，目的是防止居人与上升的地气直接接触，另外也为了预防洪水的骤然而至。

完善水系。徽州先民常常不遗余力、不惜代价投入大量的人力、物力、财力，规划建设成完善的自然供水系统。如黟县宏村的水系规划，宏村占地 30 公顷，枕雷岗面南湖，山水明秀，享有"中国画里的乡村"之美称。山因水青，水因山活，南宋绍兴年间，古宏村人为防火灌田，独运匠心开仿生学之先河，建造出堪称"中国一绝"的人工水系，围绕"牛"做活了一篇水文章。九曲十弯的水圳是"牛肠"，傍泉眼挖掘的"月沼"是"牛胃"，"南湖"是"牛肚"，"牛肠"两旁民居为"牛身"。湖光山色与层楼叠院和谐共处，自然景观与人文内涵交相辉映，是宏村区别于其他民居建筑布局的特色，成为当今世界历史文化遗产的一大奇迹。宏村，经过前代人辛勤劳作和后代人合理保护，现已得到世人的公认。我们将继续努力保护这份珍贵的遗产，合理地开发和利用宏村的旅游资源，让更多的人了解宏村，了解古徽州文化深刻的内涵。这种别出心裁的、科学的村落水系设计，不仅为村民解决了消防用水，而且调节了气温，为居民生产、生活用水提供了方便，创造了一种"浣汲未妨溪路远，家家门前有清泉"的良好环境。因此，宏村水系堪称中国古代村落建筑艺术之一绝，它吸引了日本、美国、德国等国内外专家接踵而来精心研究。

徽州村落水系建设因地制宜，精心规划，其形式虽然千变万化，但模式大体有4种：

一是以黟县宏村为代表的人工水系模式。这类村落依小河、小溪，在高于村落的河床上砌筑一道水埌，拦水保持水位，在其上方开挖一条人工渠，引河水进村，取水口处设水闸调节水流。水引进村后，沿着水圳走街过户，并辅以水池、水塘、小湖蓄水，形成一个完整的村落水系统。

二是以绩溪上庄镇宅坦村为代表的远离江河的无水山区水系模式。它采取在村内外广泛开挖水塘，少则几十口，多则百余口，各水塘之间再用明渠暗沟连接贯通。此外，还在山腰上或高于村落的山脚下建造大型水塘蓄积山水，在旱季定期放水补充村内塘水。

三是以旌德江村为代表的水系模式。这类村庄坐落在山坞中，附近没有河流，只有发源于靠背山的溪水，量很小，要把这涓涓细流用好用活，就需要精心规划设计，建成一种少水村落的人工水系模式。

四是以江湾为代表的水系模式。这种水系模式的特点是：村庄虽山环水抱，村前有大河，水量充沛，但由于庄基与河床有较大的落差，不能将河水引进村，只能利用发源于村后背靠山的涓涓细流或发源于村头、村尾的溪流，经过改造，将水引进村。

第三节　建筑防盗与公共安全

更楼及公共安全设施组建成综合性安全防灾体系。

更楼是古代人为防火防盗而建设的高于一般建筑物的瞭望建筑。夜晚值守人员登更楼巡视全村，按一定时辰敲锣打更，提醒人们注意防火、防盗，发现火情、盗贼及时报警。呈坎村的更楼，就目前所知是江南村落最多的。据说该村原有9个更楼，分布在村庄的不同部位，村落的每一幢建筑都在更楼的视线范围内。现在尚存3座更楼：一是钟英街的钟英楼；二是后街的上更楼；三是后街的下更楼。呈坎村的更楼建设很有特色，它们都不是独立的建筑，而是跨建在主街和巷的十字街口上方，从边巷设室内楼梯登楼，更楼上 4 面都有瞭望孔，可从 4 个方向洞察东西南北的街巷，更能俯视四周的屋面。据老人们介绍，以前更楼中存放有枪械、水枪、水龙、水篓等器材。

用水安全。婺源下晓起，水井"三月共清辉"。下晓起村西北角，有口"双眼井"，泉水清冽，四季不涸，可供村里几百人饮用。此井建于唐代末年，它取北山泉水，水质甘醇可口。井分大小两口，一深一浅，大井用 16 块长方青石板分两层作八边形内壁，下用鹅卵石砌 3 圈过滤水质，井底铺整块青石为底，井口石也是用整块青石凿成，口外沿稍低斜，这样污水不会流入井内。小的一口水位较浅，为的是在提水前，可以先将水桶在小井中清洗一下，再到大井中提水，井台比路高出一步台阶，井后设石板围栏半圈，一保安全，二保清洁。两井前方各设簸箕形水槽，将取用过的废水倒入槽内流下排水沟，可保持井周大路干爽。月台上还设有天灯一座，方便村民晚上取水。据说，每当月明星稀之夜，人站在两井中间，可看见两井中各映出一轮月影，与空中明月一共正好成 3 个，于是得名"三月井"，又叫"双井印月"，形成了"三月共清辉"的美妙景观。

第四节　绩溪石家村安全防灾实务

一是棋盘格局，防火分区。石家村因村落布局成棋盘状，又名棋盘村，位于绩溪县上庄镇。石家村民居房舍，明清时期所建的大多数是典型徽派民宅——"通转楼"。标准房型为二层砖木结构，外观为石库门、小青瓦、白粉墙、马头檐等，石库门的门楣上置有门楼，门楼和门楣中间用青砖嵌白粉线条和砖雕作装饰，其中不乏能工巧匠之佳作。石家村秉承徽派建筑防火设计，户户高筑山墙阻火蔓延，不使易燃物（木构架）外露，村中水源充足，均为防火创造有利条件。

而从宏观上考察，棋盘式街巷经纬布局，整齐方正，实际上设置合理的防火分区、间隔，可以更加有效地防治和阻隔火灾的蔓延，万一出现火警，宽直的道路亦利于人员疏散与往来扑救。

二是路渠相伴，排水通畅。石家村占地面积约 10000m²，有东西走向的街巷 9 条，南北走向的街巷 5 条。道路方正规整，房屋布局排列纵横垂直交错，酷似一个围棋的棋盘。构成村落框架的主体是类似城市中的巷相。具有独特建筑风格的"衔"宽约 2m，纵横交错，彼此相通，形成三、五栋民居组成的村落里坊格局。

街巷的路面用清一色大小相似、较平整的花岗岩条石铺筑，稍事加工打磨，或于路中修造暗渠，或于路旁一侧布设深达 70cm 的露天排水沟，沟沟相连，贯通全村，排水效果十分理想，规划意识十分突出。

三是设置街门，巧装"响石"，防盗驱贼。石家村街巷交叉口及街巷端头，规划设计亦颇具匠心。

在"街"与"街"的交叉口，建有遮雨路楼，路楼下装有闸门，路楼的功能既方便行人避雨，又保护闸门免遭雨淋。每条街巷的两端均有巷门，巷门多以券门上架阁楼形式，晨启行人，暮闭打更，既方便，更有利于安全防盗。

街道路面的铺设还有一巧，即是街内置有"响石板"，在半路半渠处，用长条石横向铺设，条石覆盖水渠三分之一，临水面处于悬空状态，夜深人静时，陌生人行走在悬空的石板上，就会发出"咚、咚"的响声，可提醒村民注意防范盗贼。

第七讲 徽州商业建筑与经营文化

第一节 徽州商业重镇

徽城镇。徽城即歙县古城，是徽州府衙和歙县县衙治所，府县同城建衙，这在古代是很少见的。徽城镇作为江南名镇，其城市建筑颇具特色。歙县古城为一座山城，城市平面布局为不规则形状，因山就势，蜿蜒曲折，环山面江，显示出山城的特点。所谓"四水回澜，五峰拱秀"，就是对徽城周边环境的描写。明弘治《徽州府志》形容府城地理形势："东半抱山，西半据平麓，筑以为城。扬之水顺城东北而西为练溪，环绕东南隅而下歙浦，因以为池。山溪之险，天造地设。"县原无城郭，后因抗倭始接府城东郭筑县城，践岩凿壁，据山为城，因此徽城实为府、县双城，这一特点早为古代诗人所注意："双郭风摇千树直，一天露衬万山明。"万山与斗山并峙，府城德胜门即介于两山之间。双城以斗山、万山和乌聊山（今长青山）为界，形成一城足有半城山的城市环境。

徽城西片临河而建，扬之、布射、富资、丰乐4水在此汇合为练江，东流与新安江合流，直抵千岛湖。著名的明代3桥——太平桥、万年桥与紫阳桥，就横跨于练江之上。由于徽城在历代所处的显要地位，千百年来，文人学士活动频繁，官宦商贾层出不穷，留下了大量的文物古迹。除明代3桥以外，著名的各级文物保护单位还有许国石坊、新州石塔、太白楼、东谯楼、西谯楼、新安碑园等。至今仍有15座各式牌坊立于城内，成为徽城引人注目的一道亮丽风景。

从西门进城，便可见"阳和门"三个金光闪闪的大字，到此即进入了古朴典雅的明清古城。古城用大小相等的石块砌成，分内城、外郭，西门城郭上的两座谯楼，至今完好无损。

徽州建城约在东汉建安十三年（208）之前，唐《元和郡县志》谓乌聊山有毛甘故城。隋末汪华据城，并就毛甘故城遗址扩建郡城。明代是中国筑城史上的一个高潮期，徽城遗存至今的城墙即明代修建。元至正十七年（1357 年），明将邓愈加筑府城墙，周围 9 里 70 步，长约5300m。高 5.6～6.6m，厚 2.7～3.8m，改为 5 门，东门德胜，西门潮水，南门南山，北门镇安，东北门临溪。城门上均有城楼，门内各设兵马司房 3 间。城上设窝铺，供军士值夜之用，共 33 座。自北而东至南门有敌楼 7 座，建在向外突出的附城墩台上，明代发展为砖砌的坚固工事。城外东、西、北三面挖掘濠池，深约 3.8m，宽约 7.7m。明嘉靖四十五年（1566 年）城墙增修时，半数增高约 1m，并筑南山，镇安二门月城，西门外敌台，即哨楼，高两层，上层设瞭望室及雉堞，以便守望。月城又称瓮城，弧形小城，状如新月，套筑在大城内外，侧面开门，形成局部二重防线。现府城仅遗存部分砖石城墙和西门月城一座，城楼、敌楼、窝铺等已荡然无存。

屯溪古镇。"屯溪美，屯溪美，一半街巷一半水。"这是一首在屯溪广为流传的民谣。屯溪是黄山市下属的一个区，位于黄山市中心。相传三国时代，吴国的威武中郎将贺齐为了讨伐黄山地区的少数民族"山越"，屯兵于此，屯溪由此得名。历史上，屯溪是由新安江、横江、率水三江汇流之地的一个水埠码头发展起来的，历史悠久，人文荟萃，物华天宝，景色秀丽，是一座古朴幽雅的千年古镇，也是昔日的徽商重镇，属于古徽州区域。屯溪由于处于三江口这样水运便利的位置，在元末明初，徽州商人开始在此兴建商铺，囤积货物，招徕商贾。至明清时期，屯溪逐渐成为徽州物资的集散中心，到了清康熙年间，这里已是"镇长四里"的"皖南巨镇"了。历史上由于南宋偏安杭州，大兴土木，广造宫殿，大量的徽州木材石料和工匠沿新安江被征调到宋都，致使宋城建筑风格随之传入徽州，所以同属古徽州的屯溪古镇街道商铺的建筑，多沿袭宋时风格。因此，今天这古韵犹存的千年古镇又被誉为"今日宋城"。所谓"一半街巷一半水"，一半水自然指的是横江、率水和新安江，而一半街巷指的则是屯溪老街。夕阳西下了，霞光染红了江水，也把眼前那鳞次栉比的现代楼厦染得通透一片。

绿水潆洄的屯溪，是徽州昱岭关内的重镇，简称"昱"（"昱"是阳光充足的意思）。据说这是因为屯溪位于新安江谷地，阳光充足。不管此说是否确切，但屯溪位于诸水会聚之处，其发展的确有着得天独厚之处。它在最早只是一个不起眼的小渔村。明初，休宁率口人程维宗在屯溪建造店房 4 所，共屋 47 间，作为招徕商贾、存贮货物之用。可能就在当时，屯溪已经成为徽州重要的物资集散地。至 17 世纪初，屯溪已形成"镇长四里"的规模。歙人汪道昆有"十里墙乌万里竹"的描摹，显见此处行舟鳞次、商贾纷至的盛况。迄今，屯溪仍旧是徽州一带重要的商业中心，老街尤为声名远扬。早在清代，就有人描摹过"老街品茶茗"的《屯溪春色》。及至当代，郁达夫、老舍和叶浅予诸人，亦均留有脍炙人口的纪游诗篇。其中，画家叶浅予的《志游》诗曰："为慕屯溪一条街，朝发排岭绿波间。舟车奔驶三百里，身临长街日已斜。"如今，漫步于大块褚红条石铺砌的路面上，但见匾额、旗招琳琅满目、古色盎然。

第二节　徽州商业老街

屯溪老街。老街的位置依山傍水，据说在元末明初，有一位名叫程维宗的徽商选在这块风水宝地兴造了 47 间店铺，可能那时就是这老街的雏形。到清末，老街已是一条商号林立、客栈遍布的商业街了。如今的老街全长 1200m，其中步行街长 800m。整条街道蜿蜒伸展，首尾不能相望，街深莫测，是中国古代街衢的典型。为了使街衢与山、水及后街等生活环境相沟通，老街有一些宽窄不一的巷弄，如还淳巷、鱼池巷、海底巷、梧岗巷等。其中以三条较为宽绰的栈道最为突出，称之为"上马路""中马路"和"下马路"。这些街巷构成鱼骨架状，交通十分方便通畅。

走进了老街，你似乎走进了一个异样的世界，刚才在外面还是人来人往、车水马龙的景象，而一进入老街，却让人感觉是那么的幽静。脚下是一色的褐红麻石铺砌而成的石板路，夕阳的余晖从两旁店铺的楼顶上反射下来，拼接有序的缝隙清晰可见。

歙县古城斗山街。斗山街七拐八弯，乌聊山是徽城的母亲山，山势逶迤，绵延数里，与城垣融为一体。府城东门将其分为南北两方。南方称为长青山，有"小武夷"的美称。北方中部称为斗山，其名源于两说：一说此处有七城"落星石"，如北斗七星罗列于此；另一说是此处有串珠似的七座岗丘，状如北斗。

斗山街位于歙县城内，因依靠斗山得名。这里的民居住宅鳞次栉比，一色的徽式大门，厅堂敞亮，花园雅致，其中杨、许、汪等几家大院，分别拥有千余甚至 3000m^2 的高大宅院，皆由花厅、客堂、书斋、居室和花园组成。推开一扇扇陈旧的大门，走进斗山街的人家，但见一个个宅子都是又深又大，阳光从天井射进来，古色古香的民宅苍老而斑驳。

许家花厅即私塾所在地，从斗山街的一个券门进入一短巷，右手便得一门，即许家花厅的门厅。进去是一个小天井，对面是正厅两层，三开间，柱子漆黑，其他木构如梁架皆不事漆，画有淡雅的包袱皮彩画，虽因年久褪色，其素雅的纹样却依然赏心悦目。一棵香樟亭亭玉立，绿荫如盖，葱绿的树冠伸出四周瓦檐之上，朱红色的椽子映衬着枝叶透过几缕阳光。微风来处，树叶摇动，光彩闪烁迷离，令人心醉。正厅右手隔墙是一开间小厢房，厢房正对另一宁静小院，内种修竹几枝，开一巷门与正厅天井相通，另开三扇窗联通两院景致。上到正厅二层，临窗一望，尽是粉墙头，青瓦片片，更有墙头枝叶扶疏，随风摇曳。

渔梁老街。从练江下游，渔梁镇东口的望仙桥处进入古镇，渔梁的历史便在古老的街巷与住宅间铺展开来。渔梁，俗称"梁下"，是古徽州著名的商埠重镇，更是徽商起步的地方。它近城近水，千余米长的鱼鳞古街穿村而过，开成一条长约400m的商业街市。古诗云："五里山城不算远，河西桥接紫阳桥。"这里的山城，指的就是渔梁。位于练江边的歙县渔梁，平面布局呈现为两头窄、中间宽的梭子形，当地人自称这座梭子村落是一座"鱼"形村落。村落主街——渔梁街两端低、中间高，呈弓形构成"鱼脊骨"，由主街通过练江码头的巷道则如同"鱼肋骨"，主街地面的鹅卵石则为"鱼鳞"。村落紧邻练江，如鱼得水，只要练江水不断，这条大鱼就永远有生机。用现代的眼光来看，"鱼"形十分符合村落功能，它使居民居住得相对集中；尤其是居住人口最为密集的"鱼肚"，练江水刚好在此拐弯，村落主要部分直接受洪水冲击的影响减至最小。弓形村落剖面使得临河的渔梁具有良好的排水功能。①

关于渔梁村形成的具体年代，史料记载各有不同。有的说渔梁村早在唐代就已经初具街市之规模；也有的说，渔梁村形成于宋代。据明弘治《徽州府志》所收录的《渔梁结屋》一诗，可知该村于其时就已经很有一些规模了。诗曰："石梁之上姚家庄，隔溪指点云苍苍。飞楼杰阁说华第，翠竹老梅唯我堂。新丰鸡犬归未得，韦曲桑麻说许长。三间茅屋投老计，携儿拟拜庞公床……"

而至于渔梁之名的由来，则似乎与"捕鱼"和"筑坝"不无关系。所谓"梁"者，《说文解字》有"石绝水曰梁，谓所以偃塞取鱼者"之说法，《辞源》释"梁"为"堰水为关孔以捕鱼之处"；有学者曾撰文认为这片地方因渔而梁，继梁而坝；村因梁名，地因坝传。有梁有坝之后，始

---

① 东南大学建筑系，歙县文物管理所. 徽州古建筑丛书——渔梁［M］. 南京：东南大学出版社，1998.

有物流，有物流就有人流，有人流就有消费需求，渔梁古村落由此而形成。因商业贸易交通运输而繁荣……

从古镇区的东头入镇，可以看到一条宽 2m 有余，铺着五色鹅卵石的老街依着江畔一直向西伸展，有诸多小巷向两边延伸，一边通向江畔，一边通向徽杭公路。

如果从高空鸟瞰渔梁，便会感觉到这个梭子形的古村落，其形状就像一条硕大无比的鱼。如果从渔梁坝北望渔梁，看到的则是一色的青石屋基高耸水滨，一色的木板房屋稳建其上，渔梁在歙县众多的古村落中，显示出它的独特风姿。渔梁老街曾是商人、水手、脚夫云集之处。街道两旁各种店家、商号依稀可辨，让人想象出昔日街市繁荣的景象。因为古人用清一色的鹅卵石将路面铺成鱼鳞状，所以后人又将渔梁街称为鱼鳞街。漫步鱼鳞街，你会发现，这是一条两端低中间高的弓形街道。据测绘，最高处的姚家巷附近，海拔为 121.78m，西端白云禅院处海拔为 115.22m，东端原土地庙处海拔为 114.86m，高差在 7m 左右。延绵 1000m 的鱼鳞古街，让人感觉像是一条浮在水面上的大鱼，村内的街和巷，构成了鱼的骨骼，鱼鳞街是脊椎骨，由其衍生出的十数条小巷，从东头的崇报巷、乐善巷，依次到中段的胡家巷、亲睦巷、姚家巷，再到西头的姚江巷、盐埠巷等，便是这条大鱼的肋骨。鱼形的布局结构，给渔梁人平添了无限的希望，处处年年有"鱼"（余）。

休宁万安老街。万安街依畔横江，与江平行，为东西走向。横江为万安提供了便利的水运交通，南来北往的客商在这里云集，商贸活跃，人气旺盛，沿街店铺林立，街市渐渐发展成五里长街，呈现出一片繁荣景象。沿街的店铺或是前店后仓库与住宅，或是前店后作坊与住宅。这种前店后坊式建筑是典型的明清时期小商品经济的建筑形式。沿江一侧的商家，户户后院临江岸，不少大户商人有自家的码头，可直接装卸商品，进出货物十分便利。万安是个商业重镇，街上店铺林立，店铺与店铺之间有封火墙分隔。至清末，万安街有百货、南北杂货、国药、烟酒、罗盘等 50 多种行业，近 200 家店铺。伟大的人民教育家陶行知先生曾在万安街的"商园"接受启蒙教育，先生当年就读的书馆如今仍高墙耸立，保存完好。

与屯溪老街相比，如今的万安街，显然要寂寞得多。然而，在明清时代，万安街曾居休宁县境九大街之首，有"小小休宁城，大大万安镇"之称。万安镇地处歙休盆地的横江沿岸，旧时也是徽州重要的水运码头。万安街长约 5 里，路面用平整光洁的一色石板铺就，随地势之高低而曲折变化。街道两侧店铺繁多，街市稠密。

休宁县万安罗经文化博物馆

万安镇的罗盘非常有名，这显然与明清时代徽州人对风水的崇信有关。自元代以后，全国风水文化的中心就已由江西的赣州转移到了徽州。明清时代的风水名流中，绝大多数为徽州人，特别是徽州的婺源人。所以，徽州迄今仍然流行着这样一句俗谚："女人是扬州的美，风水是徽州的好。"2012年，万安镇建成中国首座罗盘专题博物馆——罗经文化博物馆。

第三节　徽州店肆商铺

街、巷因其功能不同，空间形态上存在较大差异。一般规模较大、具有物资商品集散功能的村落，因为商业活动的需要，往往形成较大的"街"，屯溪老街就是伴随徽州商品集散发展起来的。古时屯溪属休宁县，是徽州下浙江重要的水运枢纽，是山区土特产品重要的集散地。明洪武年间，休宁率口人程维宗在屯溪"造店房四所，共屋四十七间，属商贾之货"（万历《休宁率东程氏宗谱》）。除部分店房经营商业外，其余用以招徕商贾、囤积客商货物。明弘治年间，程敏政主编的《休宁志》已有"屯溪街"记载，明朝中后期，屯溪街已具有一定的规模。明万历年间的《休宁县志》就有"屯溪街，东三十里，镇四里"的记载。明天启年间，屯溪更是"一邑总市，商牙辏集，米船络绎相继"（《休宁赋役官解全书》）。

清咸丰年间，徽州茶叶云集屯溪精制，创制出驰名中外的"屯绿"，外销兴盛，于是茶号林立、茶工云集；各类商号相继开设，屯溪街从西镇街、八家栈、新市街逐年向东蜿蜒伸长，形成长达1千米的商业街。清末，市面仍集中于屯溪街，此时，老街已是完全意义上的商业街，街道两侧全是店面，鳞次栉比、店店毗连。除茶商外，还有绸布、百货、南北货、中药、酱园等大商店，其中许多商号历史悠久，如"老翼农"药号开创于明崇祯十三年（1640），"紫云馆"改建于清咸丰年间，"同德仁""程德馨"等均是闻名遐迩的百年老店。

歙县渔梁同样地处练江岸边，是歙县乃至徽州其他地区货物商品的集散地，渔梁商业街应运而生。渔梁街沿街建筑绝大部分由各种店铺组成，店铺大部分为木排门建筑，传统徽州民居建筑只有少数几幢，街道两侧建筑多数为两层，少数单层，平均高度为5.5~6.5m。街道两侧两层木排门立面完全区别于徽州传统民居封闭、突出门罩的立面，极为相似、极为平常。这些平常、相似，似乎缺乏个性的单体连续出现，组成了长近500m的街道，却赋予渔梁街鲜明的商业氛围。

商业的"街"和交通的"巷"，构成了渔梁内部颇具特色的街巷空间。主街两侧原有大小商号近百家，沿街开敞的店铺和传统住宅封闭式立面形成的街道有迥异的风貌，这是一条目前尚保存完好的不多见的徽州古代商业街。由于许多商业活动在店内进行，商业街的空间延伸到建筑的头进厅堂内，由建筑的山墙构成的交通"巷"在宽度上明显比街窄一个等级，但渔梁建筑中风火山墙较少，依势而下码头的巷以河道为底景，并不显得非常狭窄。

第四节　徽州客馆会馆

婺源许村怡心楼。婺源许村镇现存较多保存良好的古建古迹，其中许氏徽商豪宅、怡心楼等最具观赏价值。怡心楼，兼具住宅和客馆功能，建于清乾隆年间。砖木结构，面宽11.9m，纵深16.5m，高9.4m，占地面积280m^2。建筑体前后两进，上下2层、内设大小住房、男女客馆、厅堂和书斋等，厅堂中间，楼下有3个方形藻井，楼上为一个圆形藻井，均刻有鸟兽花草等装饰图案。整栋房屋木质构件上精雕细刻图案百余处，人物形神兼备，鸟兽动态逼真、花卉情趣盎然。

徽州会馆。会馆通常是同省、同邑同乡或同行在异地的城镇、商埠设立的机构，主要以馆址建筑为同乡、同行提供暂住、聚会场所。会馆建筑多具有本土建筑特色。徽州会馆是徽州商人和同乡聚会、祭祖、义葬与情感联络和朝考接待之所，是旅外徽州人的栖息地，是徽州祠堂的延伸和扩大，是"小徽州"与"大徽州"的纽带，是"无徽不成镇"的主要载体。明清时期，遍布各地的徽州会馆数量众多，规模不同，名称不一，如北京徽州会馆、北京绩溪会馆、北京歙县会馆、北京休宁会馆、北京婺源会馆、上海徽宁会馆、汉口新安会馆、景德镇徽州会馆、芜湖会馆等。随着徽商的发展，会馆功能逐渐扩大，发展为组织教育、争夺市场、专设码头、商帮诉讼。随着"大徽州"的发展，会馆也由朝考接待、官宦寓居，发展到徽州人旅外的主要落脚点，成为徽州人"亲和为""凝聚力"和"创造力"的大本营，为历史上"大徽州"的"影响力""吸引力"做出了贡献。

北京绩溪会馆是古徽州在京设馆最早者之一。据绩溪嘉庆县志载，北京绩溪会馆建于明万历乙未（1595）春，邑人葛应秋撰绩溪会馆序云：邑人居外地，见乡族之人而喜矣，以素昧平生不习姓名，一旦询邑里，辄欢如骨肉，相遇则握手，相过同送别，诗云："维桑与梓，必恭敬止"。盖其情哉！为加强乡族友谊，团结互助，和衷共济，葛应秋与余任卿者，积极倡捐在京置建绩溪会馆之善举，推选曹华字作册，在京绩溪邑人诸公，人人欣然捐款。

绩溪会馆设有"思恭堂"（供邑人有贡献者的列祖列宗的灵牌），临时置放棺椁或墓葬的"义园"。冬至祭祖一天，仪式隆重，炬烛高燃，香案满堂，鞭炮震天，并设席宴会。正月元宵，一般要演戏 1~3 天，旅居外地邑人，在春节家人、乡亲团拜欢聚后，再过一个热闹欢庆的"正月闹元宵"的传统节日，尽情大联欢，企望乡人新年情谊浓厚，加强和睦，吉祥如意，恭喜发财。据说邑人在京多者，或会馆规模恢宏的，馆内有专门戏台，分行业设分社，届时分别献艺，演戏三天三夜。会馆建筑为徽派风格，技艺讲究，古雅优美。

天津徽州会馆。乾隆四年（1739）在针市后街置地营造徽州会馆。此处是海船停泊的码头，时为天津市的贸易中心。会馆建筑精美，规模宏大。馆内设有戏楼，非常讲究，雕梁画栋，为徽派建筑。戏楼占会馆面积的三分之二，台下可容 400 余人，可称之"多功能厅"，既可演戏又可庆典、聚会、宴请等。

景德镇徽州会馆。该会馆又称新安书院，建于清嘉庆、道光年间，占地 4000 余 m^2，其宏伟、瑰丽和典雅，雕梁画栋，富丽堂皇，是景德镇其他 30 多个会馆无法相比的。建筑是宫殿式，具有浓厚的徽派风格。会馆有三道门，正门是大门，叫"中门"，南北两侧各一门，称"厢门"。大门正上方，书有"新安书院"四个镶金大字。

　　吴江县盛泽镇徽宁会馆。嘉庆十四年（1809），徽州、宁国两府商人联合在盛泽镇创建徽宁会馆。会馆正殿三间，中殿供关帝神座，东祀汪华，西奉张公大帝，殿东启别院奉朱文公。

徽
州

第八讲　徽州建筑装饰与审美文化

第一节　徽州建筑装饰概说

徽州村落的祠堂、牌坊等建筑的石柱、梁枋、匾额、斗拱、栏板上，古民居的门楼、门罩上，天井周围的落地隔扇、莲花门、窗台栏板、阁楼挂络、斗拱雀替、华板柱棋上几乎遍布石、砖、木雕刻，即常称的"徽州三雕"。"徽州三雕"发挥了其在建筑上的实际价值和独特的审美价值，石雕的浑厚潇洒、砖雕的清新淡雅和木雕的华美姿丰，给徽州村落中的建筑增添了无穷的艺术魅力，丰富了村居生活的内容，增添了人们的生活情趣，扩大了人们的审美领域。

明清时期，徽州三雕数量之多、内容之广、形式之美有着深刻的自然、社会、经济背景。第一，徽商经济是"三雕"艺术形成、发展的物质基础。明清时期，"富室之称雄者，江南则推新安，江北则推山右"。（《五杂俎》卷4）富庶的新安，"盛馆舍以广招宾客，扩祠宇以敬宗睦族，立牌坊以传世显荣"，强盛世家"居室大抵务壮丽"，营造之风盛行。但一方面限于封建营造制度的限制，明朝建筑等级制度就规定："庶民庐舍，洪武二十六年定制，不过三间五架，不许用斗拱，饰彩色。"（《明史·舆服四》）清朝公侯以下的官民房屋建筑制度与明朝相同。另一方面，徽州人多地狭，地形崎岖不平，很难营建气势恢宏的建筑。因此，"居室大抵务壮丽"只能在典雅、工丽、奇巧玲珑上另辟蹊径。

第二，徽州三雕文化不是孤立的，它们是徽州文化体系的重要组成部分，与徽州文化体系中的新安理学、新安画派、新安医学、徽派版画、徽派建筑、徽派园林、徽派盆景、徽剧、徽墨、歙砚等文化现象有着密切的联系。这些文化现象与三雕文化有着一脉相承的渊源关系，是徽州三雕文化产生和发展的文化基础。明清时期，徽州名家迭出，不仅诞生了众多的哲学家、教育家、思想家、经济学家、数学家、文学家、戏剧家、诗人、画家，于技艺领域也傍出一支劲旅。黄宾虹称雕刻一门"多奇杰异能之士"，并且"一技一能，具有偏长者莫不争为第一流人"。如明詹景凤《东图玄览》中载："弘治间同邑陈有寓以绘事名，于黄杨木大引首钮，手雕天禄，奇古高简，气韵生动，摩弄光透令人不识是黄杨木，良自一时精注之极，后人难措此腕。"又如"刘铁笔精于微雕，能将径寸木石刻成奇器，在 7 寸石牌楼上镂出山水、树木、楼阁，窗户不盈忝而可启闭，玲珑透彻，细极毫发"[①]。又如清代西递人余香，字开山，家贫，无力从学，从业石工，技术精湛，可取石制箫，人称绝技。清代诗人孙学道作《石笛》诗，赞曰："樵谷琢云根，不用截烟竹。中夜舞鱼龙，为君吹苍玉。"[②] 众多的雕刻能手使得徽州"百工之巧……比之他郡邑实过之。如镂金叠彩自屏帏亟治滥及纤微，无胫而走于四方，其直亦不赀"（万历《休宁县志·舆地志·风俗》）。第三，得益于徽州有着丰富的建材资源。"新安多巨木""山出美材""合抱大木罗列于前，亦不知多少"。其中，适宜雕刻的坚硬的名贵木材如柏、梓、榧树、楠木、银杏等，分布很广。石材分布更加广泛，石宕遍布境内。黟县西递东源石宕产青石，歙县产凤凰石，休婺交界处产砚材石，休宁西馆石宕产白麻砾石。另外，徽州借新安江舟运之便，使邻省浙江淳安县的茶源石也为徽州建筑常备之材。明清时期，徽州砖瓦窑几乎遍设乡村，规格品种多样，用料制作考究，生产出专门用作雕饰的水磨青砖和各种花纹图案的雕饰、铭文的砖瓦。丰富的建筑资源为徽州雕刻的设计、造型和雕饰提供了有利的条件。

石雕、砖雕和木雕虽同属建筑装饰艺术，然而因材质不同，形成迥异的雕饰风格，进而影响到整个建筑的艺术风格。石雕质地细致坚硬，用途广、数量多，保存较为完好，大多分布在石结构的建筑物上。雕刻荟萃的石牌坊、风采动人的石狮、古朴典雅的抱鼓石、玲珑剔透的石漏窗、富有诗情画意的石栏杆，以及造型多变的石柱础等，遍布徽州村落。石牌坊是石雕艺术最集中的建筑，牌坊的每一方柱石、每一道额枋、每一只雀替几乎都饰有精美的雕刻。黟县西递的胡文光牌坊、绩溪龙川的奕世尚书坊是石雕艺术的代表作。狮子雕刻是徽派雕刻涉及最多的体裁之一，石雕狮子形象高大、坚实、气派。徽州古民居的院墙上，一般都镶嵌有单个，或成组成对的漏窗，目的是采光、通风和美化外观，富有装饰性，多以石、砖

① 吴敏．明清徽州砖石木雕艺术概论（上）[J]．徽州社会科学，1987（1）：21.
② 黟县地方志编纂委员会．黟县志 [M]．北京：光明日报出版社，1989.

透雕成各种疏密匀称、灵活多样、优美生动的图案。这些雕刻精美的漏窗，弱化了高墙深院的禁锢感，为居者增添了生活的情趣。祠堂里的石栏杆也是石雕艺术应用较多的地方，特别是石栏杆上夹在两杆望柱之间、地栿之上的华板，恰似一块画板被镶在"镜框"之中，两面均可雕刻。石栏板经艺术家们精心运筹、刻意求工，不乏精彩之作。如歙县北岸的吴氏宗祠中进享堂之月梁、金柱粗硕宏大，檐柱前有黟县青石栏，望柱头刻石狮，栏板上镌杭州西湖风景，洗练精致。寝殿台基前立石栏与两边台阶垂带石栏板相接，寝前栏板刻"百鹿图"通景，群鹿隐现于山木间，千姿百态，栩栩如生。中进后廊天井栏杆，由13方栏板组成，望柱上饰以石狮，栏板上刻镌礼器，亦极工丽。

徽州砖雕一般用来装饰住宅大门上的门罩、门楼以及官第，或祠堂门前的门楼和八字墙。砖雕门罩在徽州村落随处可见，是徽州民居大门装饰的一大特色，富有实用和审美价值。徽州门罩上的砖雕融入了传统画风，构图巧妙，注重情节，场面气派，层次分明。尺幅之间"楼阁映掩，山石森严，曲水湾环，亭柳依伴"，中缀"王公巨卿，车猎犬马，饮宴击乐；渔舟钓翁，驴驮樵客，机杼犁耕"，展轴如画，美不胜收。歙县鲍家庄"百子图"砖雕门罩，上雕百子，百子神态各异、栩栩如生。"百子图"不论是构图、刻工、意境均达到炉火纯青的境界，是砖雕艺术中难得的上乘之作。绩溪湖村有门楼巷，巷内7户门楼门罩，造型各异，丰富多彩，门罩上镂空楼阁，小巧玲珑，窗门可随风启闭，人物形态逼真，令人叹为观止。

徽州古民居、古祠堂等建筑以木结构为主，大量木结构成为艺人们展示身手之地，木雕作品几乎遍布民居、祠堂内的一切木结构，有些建筑简直可以视作木雕博物馆。绩溪龙川胡氏宗祠以木雕著称全国，黟县卢村的志诚堂则被称为"木雕楼"。木雕楼的前厅堂，从顶部的楼枋雀替、吊篮、楼阁栏板到厅堂的厢房门窗、天井莲花门、板壁，几乎全是由精雕细镂的木雕构件组成。厢房的6扇小莲花门通板镂空，宝瓶花饰争奇争艳，各不相同。厢房扇门下是"九老仙鹿图"和"竹林七贤图"。天井东西两侧各有8扇莲花门，最上面是"二十四孝图"，上半截通幅镂空花饰，雕刻的是风俗民情图案，下半截雕刻的是历史故事和民间传说。天井四周八尊雀替，雕刻的是徽州民居常见的八仙图案。楼厅上有围楼裙花饰栏板，天井四周梁枋吊篮呈圆锥长方图形，纹理呈波浪式。整幢木雕楼构图巧妙，层次清晰，雕刻精细，题材广泛，可谓徽州木雕工艺的集中体现。

围绕木雕楼还有3座遍布精美雕刻的民居，其中一座称思诚堂。思诚堂有一对罕见的完好的石雕竹石墩，一尺见方，用整块大理石雕成，其形状宛若一捆竹子，竹叶、竹节、竹枝，栩栩如生，难辨真伪。实际上，徽州雕刻除了石雕、砖雕、木雕以外，还有竹雕。因为竹雕数量较少，保存下来的精品之作也相对较少，所以竹雕的影响不如石、砖、木三雕。

数量众多、分布广泛、景观效果明显的徽州三雕颇具审美价值，主要体现在四个方面：其一，质朴。庄子曰"五色乱目""朴素而天下莫能与之争美"。真正具有质朴美的事物不需要"饰"，外界的"饰"只能破坏它本质的质朴美。徽州三雕作品正是这样，除后期少数木雕略施金箔、彩漆外（如宏村承志堂木雕已历经百余年，依然金碧辉煌），绝大多数徽州三雕均保留了其材料的本色。黝黑的石雕给人以实在、沉稳的美感。青灰色的砖雕门罩，贴在粉白平坦的墙面上，与屋檐呼应对照，清新淡雅，富有情调。暗褐色的木雕则让人备感自然、和谐、亲切。

其二，含蓄。昔日徽州人将自身的文化信仰、人生哲理和生活情趣，通过雕刻艺术体现出来，富有较高的文化品位。"忠、孝、节、义"是儒家伦理道德的核心，也是徽州雕刻的主要题材。徽州人寓教于形象之中，常用《岳母刺字》《卧冰求鲤》《杨门女将》和《苏武牧羊》等雕刻分别表征"忠、孝、节、义"，用《桃园三结义》与《二十四孝图》等来装饰厅堂。黟县卢村志诚堂、西递的履福堂等都雕刻有《二十四孝图》。《二十四孝图》与履福堂的楹联"孝悌传家根本，诗书经世文章"体现了主人"以孝治天下"的儒家伦理思想。"夫子之道，忠恕而已"，儒家主张以忍让、宽容的忠恕之心来达到人际关系的和谐和感情上的沟通，《将相和》《群僚同乐》和《百忍图》等雕刻作品都是这种思想的体现。徽州有不少"恩荣"牌坊，在徽州雕刻中也不乏"恩荣"的题材，其中唐代名臣郭子仪因集官高位显、忠贞不贰、子孙满堂、富贵长寿于一身，以其为题材的雕刻在徽州很普遍，折射出徽州人"修身齐家治国平天下"的精神追求。"学而优则仕"是儒家思想的重要内容，也是徽州人追求的重要目标。徽州雕刻中表现读书、重教及科举及第的作品数量众多，表现手法多样。黟县有一清代民居的4块窗栏板上分别刻着府学、书院、社学和私塾4种古代教育机构，表现出当时徽州重教的社会风尚。还有一幅木雕构图巧妙，画面上寥寥几幢民居，近处屋内书桌上放着翻开的书，虽不见人，却能闻诵读之声，正是"十户之村，不废诵读"的形象记载。西递东园厅堂右边厢房房门为一幅很大的冰梅图，冰块棱角分明，香梅花瓣清晰，冰枝寓意"十年寒窗"，香梅象征"梅花香自苦寒来"。徽州民居有许多冰梅图雕刻。同村大夫第厅堂木隔扇都雕有冰里梅，都是励志读书及第的体现。徽州雕刻与徽派建筑一样，都折射出浓厚的崇儒重教的文化氛围。

徽州人热爱生活，对生活充满着希望。在徽州雕刻中大量地出现利用含蓄的艺术手法，反映徽州人生活热情和生活情趣的作品。在雕刻中常用蝙蝠象征福，鹿象征禄，仙鹤象征寿，喜鹊象征喜，体现徽州民间崇尚"福、禄、寿、喜"的风俗。西递东园厅堂左边厢房，雕刻5只蝙蝠，勾画出"五福捧寿"组图，以象征五福（福、禄、寿、喜、财）。宏村慎馀庭雕有仙鹿戏蝙蝠，表示多禄多福；关麓迎祥居雕有蝙蝠、古寿字连着两枚铜钱的图案，取"福寿双全"。"八仙庆寿""八仙仰寿"同样是表示福寿的含义。而"八仙过海各显神通"的寓意则与徽州商人在商海中的竞争有会心之处，体现徽州人"效好便好"的辩证思想。有些雕刻不直接出现八仙人物而是出现"八件法宝"，即用"暗八仙"来表示八仙故事，表现出民间艺术的幽默和智慧。

黟县屏山有庆堂木雕（元宝梁"吉庆有余""八仙"）

多子多福、家族兴旺、吉祥如意等都是人们所期盼的。在徽州雕刻中用月梁上雕刻麒麟，比喻早生贵子。以石榴、丹桂、葡萄等图案组合，取"石榴多结子、丹桂广生枝"之意，表示子孙繁茂。将莲与笙等图案组合，以莲花寓"连"、以笙寓"生"，取连生贵子之意。宏村桃园居天井廊间有幅木刻作品是向上盘攀的葡萄果枝图，意为多生贵子，在图案中刻有一插翅飞鸟，寓意子孙飞黄腾达。飞鸟在徽州雕刻中不多见，但骏马的题材作品并不少。歙县大阜潘氏宗祠中进大厅梁、柱粗硕、雀替、平盘斗等处雕藏百骏，俗称"百马图"，是为石雕精品。宏村桃园居、承德堂厅堂两侧的扇门上都雕有八骏图。承德堂的八骏图背景洗练，八匹骏马神态各异，或仰首长鸣，或回眸顾盼，或扬蹄疾奔，或躺卧嬉闹。骏马题材的雕刻象征事业有成、蒸蒸日上。

明清时期，徽州有不少文人雅士。他们大多有着较高的文化修养，生活富有情趣。梅兰竹菊、松石、荷花等都是他们所喜爱的。在西递西园中院大门两边墙上有一对石雕透窗，一边是松石图，两株奇松斜出于嶙峋怪石之上，取"咬定青山不放松"之意；另一边是竹梅图，婆娑竹影与遒劲梅枝交相辉映，取"寒梅疏竹共风流"之境。松石、竹梅石雕构图清新，刀法细腻，镂空8层，属徽州石雕中之精品。宏村三立堂原有两幅浮雕石雕：一幅为"雨打芭蕉双松图"，一幅为"蜡梅送香翠竹图"，构图细腻逼真，立体感强。图案系仿清代乾隆年间著名书画家陶学椿画样，石雕艺术家进行了再创作。两幅石雕诗情画意共融，梅竹松石栩栩如生，也属石雕精品，现存黟县文物局。荷花又称莲花，"看取莲花净，方知不染心"。荷花出淤泥而不染，历史上被中国文人雅士称颂。徽州人以此表示洁身自好，气节修养。荷与"和"谐音，"和为贵""家和万事兴"是徽州宗族兴旺发达的重要原因。"和气生财，童叟无欺"是徽商兴旺发达的基本经验，大量使用荷花雕刻，暗喻合族和睦、和善，经营和气、和顺。

中国是诗的国度、诗的故乡，诗歌不仅是一种文学体裁，也是人们性格和心理表现的重要手段。徽州雕刻中有不少以古诗意境创作的作品。在黟县一户清代民居里的16块隔扇门上分别雕刻了根据唐诗宋词意境创作的16幅画面，其中包括张继的《枫桥夜泊》、杜牧的《七夕》《清明》、苏轼的《春宵》、杜甫的《绝句》等。在徽州还有不少以退隐之士的闲情雅致为创作意境的作品，如赏景赋诗、携琴访友、天伦之乐、垂钓、观鱼、闲居等，无不再现了隐士们的赋闲生活。

"树高千丈，叶落归根""此夕情无限，故园何日归"展现了无数在外徽州人的思乡之情。西递百可园庭院墙上有扇落叶形石雕漏窗，其含义深刻，道出了远在他乡故人落叶归根的心愿。黟县关麓有树叶形砖雕门洞，歙县瞻淇的存厚堂有砖雕的树叶形花园景门。它们都表达了同一个心愿。

其三，乡情。徽州的山水、徽州的商人、徽州的文化、徽州的艺术孕育了徽州雕刻，造就了徽州雕刻。徽州雕刻具有浓郁的乡土气息，散发出浓浓的乡情。徽州的山川秀色、乡土风情成为徽州雕刻热衷的题材。西递村有一幅长1.8m、宽1.2m的"桃源问津图"石雕，它描绘了黟县小桃源的山川景色，石雕上山峦叠翠、悬崖巍峨、修竹束束、桃花点点、溪水潺潺，渔郎正泛舟寻胜问津。石雕构思巧妙，运用透雕手法，刀法细腻，层次分明。在一幅木雕画面上，有浣衣的少女、捕鱼的老翁、埋头读书的学子、泛舟江上的儒士。江岸陆路有骑驴形迹匆匆的商贾，有骑马赶路的仕官，还有悠闲信步的文人秀才。它生动展示了当时徽州的生活场面。徽州是徽商故里，雕刻自然少不了徽商的题材。西递的悖仁堂正厅厢房门扇上有一幅木雕画面，背景是山冈石峦，竹林曲径，其间一山一石、一竹一木皆层次分明，纤细逼真。画中人物，一年轻女子倚间眺望；一男夫夹雨伞，背包袱在山路间匆匆而来，画面极似一幅商旅回归图。这幅图可能描述的正是房屋主人的生活经历。

雕刻中不乏民俗风情的画面，如建房、荷柴、撑船、写春联、健身习武、放风筝、燃爆竹、戏鱼灯等。耕读是明清时期徽州村落的基本生活内容，反映耕读题材的雕刻更是常见。歙县一座古民居天井东、西回廊的隔扇门上，雕刻了一组 16 幅的《耕织图》。东边雕刻的是 8 幅《男耕图》：犁田、播种、插秧、耘田、灌溉、收割打场、堆稻草垛和碓米，西边雕刻的是 8 幅《女织图》：采桑、喂蚕、结茧、缫丝、煮茧、纺丝、织绸和敬蚕神。这组《耕织图》几乎成了《清明上河图》那样的写实性经典作品。几百年过去了，雕刻中反映的许多风土民情已不复存在，但从保存下来的雕刻画面上应能想象出昔日徽州村落的生活情景。

徽州文化是开放的，古时徽州人将自己家乡的山川、村落、民居和风土民情刻在石头、砖块和木料上的同时，同样将外乡优美的风光用雕刻的手法，展现在祠堂和民宅内。其中，邻省浙江西湖的精致最受徽州推崇。北岸吴氏宗祠保存有 6 块西湖风景石雕。宏村敦本堂下厅梁柱间的栏板上刻有"西湖山水图"，亭台楼阁层次繁美，花鸟、人物情调鲜明。

其四，和谐。徽州村落不同的建筑具有不同的实用功能，表现出不同的精神需求，体现出不同的文化氛围。作为徽派建筑的重要内容，徽州雕刻与所在建筑的情调、氛围相一致，充分体现了形式与内容的和谐、一致。①祠堂中的雕刻比较深沉、稳重，使人感受到宗族的威严和震慑。贞节、孝廉之类的牌坊受礼制观念的影响，气氛压抑，故大多以石之本质象征廉洁，一般不多加雕饰，以示宁静肃穆。而科举、官禄之类的牌坊，气氛要求热烈欢快，往往雕凿众宝，以饰额枋、楹柱。厅堂居室的雕刻则让人感受到祥和、闲适的家庭生活气息。但不同民居的雕刻内容、风格具有

① 俞宏理. 徽州民间雕刻艺术［M］. 北京：人民美术出版社，1994.

绩溪上庄胡适故居兰花图之一

不同的创作主题，主题设计大多与主人的人生经历、生活情趣相关。如黟县宏村承志堂，额枋雕的是唐肃宗宴官图，前厅是百子闹元宵，隔扇门雕的是《八仙图》，下端雕有"福、禄、寿、喜"四星高照图。左右边门用梁柁、月梁、雀替三个建筑构件组成两个"钱币"，形似"商"字。后厅雕的是《郭子仪上寿图》和《九世同居图》。整幢房屋内的雕刻设计充分体现了商贾之家的气息。同邑另一幢清代民居，天井隔扇雕刻了16块全是以诗教为内容的唐诗选刻木雕组画，东西雀替为《魁星点斗》和《蟾宫折桂》，4块窗栏板分别雕府学、书院、社学和私塾，充满了浓浓的书香味。在绩溪一户面积并不大的清代民居里，天井下雕全套《二十四孝图》，还有《四季图》，雀替、窗格心也是《麻姑上寿》和《和合二仙》等慈孝、仁爱的题材，体现了主人"孝为先"的情怀。绩溪上庄胡适故居，前后两进厅室的门壁上刻有10幅《兰花图》，并题有"兰为王者冠，不与众草伍"的诗句，《兰花图》道出了主人清雅脱俗的品格，透射出来自山中兰花的清香。[1] 置身其境，让人不禁会低声吟诵胡适的《希望》诗："我从山中来，带来兰花草。种在小园中，希望花开早。一日看三回，看得花时过。急坏看花人，苞也无一个。眼见秋天到，移兰入暖房。朝朝频顾惜，夜夜不能忘。但愿花开早，能将夙愿偿。满庭花簇簇，添得许多香。"

---

① 俞宏理. 中国徽州木雕［M］. 北京：文化艺术出版社，2000.

绩溪上庄胡适故居兰花图之二

徽州建筑装饰的基本涵义：

其一，象征寓意。徽州建筑装饰具有丰富的象征意义，它通过谐音、联想、隐喻等手段来表达其主题之义。徽州人将传统的伦理道德教化等附会于雕刻装饰上，如"忠孝""仁义"观念，就通过岳母刺字、桃园三结义、卧冰求鲤、孔融让梨等题材来表现。徽州的雕刻还散发着浓郁的民俗文化气息。如：一路连科、福禄寿三星、鹿鹤同春、五福捧寿、和合二仙、刘海戏金蟾等。一路连科题材借用了莲花的谐音，图中除了盛开的莲花，还有花苞、莲蓬、荷叶、莲藕等。这些均体现着为人要如莲一样出淤泥而不染。有些八仙题材的木雕中，并未出现八仙的人物，而是用他们所持的法器来代表，民间俗称"暗八仙"。在民居厅堂中，常见木雕"瓜瓞绵延",图中有蝴蝶和南瓜、瓜上枝叶缠绕、长势茂盛,祈望着家族兴旺、子孙繁多,两侧还配上并蒂莲,以示夫妻和睦相处。

其二,徽商情怀。徽州,经商人家多有两扇形制独特的门:在厅堂后太师壁两侧各设计一道门——用一只点状梁柁与宝盖状元宝梁构成"商"字的上半部,当有人(人口)出入其下时,便组合成活态的一幅"商"字图案,此即所谓"商之门"。"商之门"高敞而不装门扇,且其梁柁、元宝梁雕饰极其华美,图案常用鎏金勾线。商宅豪门,可得其门而入。徽州方志常言"商居四民之末,徽俗殊不然",商字形图案或许正是这种观念的一个表现。儒家的道德观念深刻地影响了徽商群体的行为规范。在这样的背景下,装饰得精美绝伦的徽州民居就是必然的产物。无论在构图技巧,还是形象创造等方面,徽州建筑装饰均达到了很高的艺术和技术水平。这些雕刻艺术既反映了徽州人的生活情趣,有浓郁的地域美饰倾向,又表现了鲜明的艺术独创性,艺术化地再现了大背景下的栖居生活。

其三,礼乐教化。徽州是我国古代著名的思想家、理学家朱熹的家乡。宋元以后,徽州地区在思想上就一直推崇程朱理学的观念,并在生活的各个方面去践行,也包括民居在内的徽州建筑的营造。程朱理学的核心就是体现传统的道德观念、人伦秩序,并讲究尊卑有序、内外有别的"礼乐"。徽州民居朴素淡雅的建筑色调、别具一格的山墙造型、紧凑通融的天井庭院、奇巧多变的梁架结构、精致无比的雕刻装饰、古朴雅致的室内陈设等,无不在诉说着礼乐之美。可以说,徽州民居既深深地渗透着中国传统文化的理念和美学观念,又外在地表现出朴素的艺术语言。

第二节 徽州建筑砖雕

一、制作工艺与装饰手法

徽州砖雕一般被作为建筑壁饰来使用,主要用于大门门楼、门罩以及影壁等部位。砖雕制作过程:首先,将质地疏松细腻的泥土经过人工处理,去除杂质,做成砖坯后烧成青砖,烧制后的砖坯质地坚硬、色泽纯青;其次,在烧制后的青砖上勾画出图案的大致位置;再次,进一步凿出所雕形象的深浅层次;最后,就是精雕细刻的过程。徽州的砖雕技法主要包括浮雕、圆雕、透雕以及镂空雕等。

二、砖雕的题材

徽州砖雕的题材来源非常丰富。其中,人物题材的砖雕都有具体的故事情节:文学故事有桃园三结义、武松打虎、惜春作画、三打白骨精等;戏剧故事有三英战吕布、刘备招亲、穆桂英挂帅等;神话传说有和合二仙、八仙过海、刘海戏蟾等;民俗故事有牛角挂书、百子图、彩衣娱亲、五谷丰登、麒麟送子等。

砖雕中,飞禽走兽、花鸟鱼虫的题材也十分常见。人们主要借用了它们所象征的吉祥寓意,在民居等建筑的门楼、门罩、雀替等部位进行重点装饰。动物形象的砖雕图案有象征富贵吉祥的龙、凤、狮、虎、麒麟、鳌鱼、仙鹤、鹿等和代表富足的牛、马、羊、犬、鱼等。它们的组合方式也具有较强的象征性,比如双狮戏绣球、二龙戏珠、龙凤呈祥、麒麟送子、鹿鹤同春、五福(蝠)捧桃、封(蜂)侯(猴)将相(象)等。

植物花卉的砖雕图案也很富有表现力。其常见的形象包括松、竹、梅组成的"岁寒三友",梅、兰、竹、菊组成的"四君子"等。此外,像牡丹、荷花、石榴、枇杷、白果、枣子、花生甚至蔬菜等有吉祥寓意的植物也是常见的雕刻内容。徽州的工匠大都采用折枝、散花、丛花、锦地叠花、二方连续、四方连续等手法,对这些形象进行加工。其实,不仅在徽州地区,在整个华夏大地,这类图案都是中国人喜闻乐见的,它们代表着喜庆、幸福以及人们对生活的美好愿望。

在徽州,砖雕在建筑中的运用相当普遍。除了前面提到的人物、动物和植物外,还有几何形体、文字形、琴棋书画、文房四宝等,在砖雕题材中也占有一定分量。

徽州地区大户人家的门楼修建得十分讲究,用的是牌楼式,也被称为"门坊"。常见的门楼有单间双柱三楼、三间四柱五楼、三间四柱三楼,材料有砖、石、木等几种。古代工匠一般在大门上方挑出双角起翘的小飞檐,鸱吻角兽,下砌檐椽头,上履瓦片垫翘,像一对展开的燕翅。飞檐下方和门楣之间的花边图案框内,镶嵌着砖雕图像。

中国传统民居中的门楼,既起着界定内外空间的作用,又发挥着阻挡墙面流下的雨水、保护宅院等功能。徽州民居的正立面造型讲究左右对称,它有一套比较成熟的构筑模式和手法,渗透着中国传统的美学观念。徽州民居的正立面,有的墙体横平竖直;有的左右高墙向中心逐渐降低,形成"井口"。这不仅有利于房屋内部的采光和通风,还比较自然地将人的视线聚集在中间的门楼处,构成建筑局部外观上的趣味中心。

三、门楼砖雕

徽州民居的门类型较多，有大门、侧门、后门、角门、券门等。墙体上的门主要有高墙门、低墙门等。其中，高墙门一般是整幢建筑的大门，门头是它装饰的重点部位。徽州民居的大门大多采用门楼的形式，无论门楼装饰得简单或复杂，它的主要功能还是防止雨水顺墙而下溅落于门内。门楼具有多种丰富的表现形式，国内许多专家学者对此进行了深入的研究。比如，侯幼彬教授在《中国建筑美学》一书中将徽州民居门楼划分为垂花门楼、字匾门楼、瓦檐门楼和四柱牌楼式门楼等类别。著名徽派建筑研究专家朱永春认为，徽州建筑门楼可大体分为门罩式、牌楼式、八字门楼式3类。下文主要采用朱永春老师对门楼的分类来进一步阐述。

门罩式门楼在徽州民居中被普遍采用。依照繁简程度，它还可以分为3小类：第一类是在大门的门框上方，用水磨砖叠涩成几层线脚挑出墙面，顶上以瓦檐覆盖，还有简单的雕刻装饰，这一类多出现在明代；第二类是以垂莲柱为主要标志，它是以水磨砖在门框上部砌成垂花门的形状，凸出于墙体，两垂莲柱间用水磨砖砌起的二道枋进行横向联系，屋檐下以砖椽起支撑作用；第三类是在门框左右设云拱或上枋脚头等。

牌楼式门楼主要为比较讲究的官宦人家所采用，它其实也是门坊。常见的牌楼式门楼有单间双柱三楼、三间四柱三楼、三间四柱五楼，黟县屏山一祠堂五间六柱七楼门坊已属罕见。建造牌楼式门楼的材料有砖、石、木等。大门上方有挑出双角起翘的飞檐，上覆瓦片垫翘，像一组展开的翅膀，有的还在上面设置鸱吻和角兽；飞檐下砌檐椽头，下方和门相之间的图案框内镶嵌着砖雕图案。黟县屏山有一座御前侍卫门楼，为五间六柱七楼，式样上仿门楼式牌坊。该门楼用青石和水磨砖混合搭建而成，门楼的横杭上还雕饰有"麒麟戏绣球"的砖雕，雕工细腻娴熟，柱两侧还装饰有大幅的松鹤图案的砖雕。御前侍卫门楼整体看，显得雍容华贵、气势非凡。

八字门楼可以看作是牌楼式门楼的变形。变形的地方在于，它的大门在平面上向后退了少许，形成"八"字形的空间。徽州民居中，典型的八字门楼有婺源县夯峰的八字门楼、歙县呈坎的罗耐庵宅八字门楼。值得一提的是，罗耐庵宅八字门楼的上部还用了月梁及斗拱来撑托木板壁和屋檐。

精美的砖雕和石雕是徽州民居门楼上不可或缺的重要组成部分。砖雕和石雕所特有的经久耐用、质地细腻的特点,十分适合用作门楼的装饰。砖雕和石雕在徽州民居门楼的装饰主要以壁饰的形式出现,一般用在门框周边,包括八字墙等。

坐落于屯溪的程氏三宅,由明成化年间礼部右侍郎程敏政所建。主宅的门楼采用麻石料仿木结构凿制,是三间四柱式门楼。它的正楼和次楼都用斗拱相托,额枋装饰有精美的雕刻,平板梁上有串莲花瓣的浮雕,门楼整体上显得立体感很强。程氏三宅中的两个宅门向屋内开,门楼也朝向室内建造。门楼上的砖雕是"双凤戏牡丹",雕工细腻、形象丰满舒放、构图活泼。

绩溪湖村"中华门楼巷"。绩溪湖村民居的门楼非常密集,常常是门挨着门、门对着门,令人眼花缭乱。这些门楼所雕饰的,大多是风景名胜或者是人物典故。它们的雕刻技法纯熟,大多为三四层的砖雕雕刻,最多的竟达到了9层。

湖村村溪南端尽头处,有一条"弓"字形小巷,就是闻名全国的门楼巷。巷内连片的民宅门罩,皆以风格各异、制作精细的砖雕作装饰。那一座座门楼,就是一件件玲珑剔透的民间艺术品,常令观瞻者叹为观止。其中一家当年盖这房子时,单这座门罩就请了7个砖雕师博,用了整整2年时间才雕成。这些雕刻精制的门楼,取材十分广泛,内容丰富多彩,有民间风俗、神话传说、戏曲故事等,充分体现了徽州古建筑中门楼文化的博大精深。

除了门楼巷,全村保存完整的门罩还有近20座。徽州各地民居基本一样,都具有砖木结构、三间两过厢、明堂天井、通转楼、粉墙黛瓦、文武马头墙等等共同的徽派建筑特征。但因地形高低,转折而形成不同的结构序列。有单进的,有前后进的,有前厅后楼的,有如祠屋立柱于厅的。

从门楼巷出来后,沿村溪向北走,还有一组合型房屋,内中居然有石阶达50级之多。这套房屋由十多间组成,一进门就是10多级石坎,一条主通道依次升高,通过许多明间暗室,最后才到达客厅。客厅和各房屋全是砖木结构,雀替、挂落、隔扇门、窗栏板全都是精细木雕部件,除了主通道外,其他的道路皆通各间房屋,弯来绕去,如同进入迷宫。

西递尚德堂的八字门楼很有特色,它的门框和八字墙都用整块打磨得光可鉴人的黟县青石筑成,边角接缝精细,形体高大壮观。徽州民居门墙一般都比较高大,门楼体形自然不小,因此它就成了古代工匠集中施展技艺和才华的地方。门楼上面装饰的砖雕和石雕,图案丰富,制作精细。由此，平整空白的高大墙面成了背景，布局疏密有致、雕饰精彩的门楼就是主体，两者形成疏朗空白与精细严密的强烈对比，恰如国画所追求的"疏可走马，密不透风"的美学趣味。

总体说来，大门一直都被看成是建筑的脸面。尽管从宋代以来，普通民宅在建造的规格以及采用的装饰构件等方面受到诸多限制，但部分徽州商贾显然不甘于受规制的约束，他们在住宅布局和结构设计时特别用心，往往还利用了势力和宅地基的优势。这些人将大门修成敞口朝外的八字门，既有遮风挡雨的考虑，更有显示身份和实力的心理。然而，更多的徽州人在门楼等的修建上，选择了低调和内敛的表达方式。

第三节　徽州建筑石雕

石雕雄浑厚重，徽派传统石雕手法有线雕、浮雕、平雕、圆雕、透雕，刀法技术精湛，风格古朴大方。

一、装饰部位与表现手法

徽州石雕，多用于祠堂及住宅的台基、勾栏、柱础、漏窗，牌坊的梁枋、柱头、花板，石鼓，石狮，以及龙凤、仙鹤、麒麟等奇禽异兽的形体造型上。徽州石雕取材遍布四境，主要是黟县的黟县青石、歙县的凤凰石、休宁的白麻砾石以及新安江附近的浙江淳安产的茶园石。

工匠制作石雕时，主要依据就地取材、因材施艺的原则。石雕题材由于受雕刻材料本身限制，不及木雕与砖雕复杂，主要是动植物形象、博古纹样和书法，至于人物故事与山水则较为少见。徽州石雕在雕刻风格上，浮雕以浅层透雕与平面雕为主，圆雕整合趋势明显。刀法融精致于古朴大方，没有清代木雕与砖雕那样细腻烦琐。

祠堂宅第石雕。歙县北岸吴氏宗祠石栏板雕有"西湖风景图"和"百鹿图"。"西湖风景图"，六方，刻画了清代西湖的"平湖秋月""花港观鱼""三潭印月""灵隐风光"等景。"百鹿图"取材于山林溪涧间千姿百态的群鹿，生机勃勃、情趣盎然，显示出徽州匠师敏锐的观察力和不凡的想象力。徽州祠社中的石鼓基座雕刻，多用浅雕，以维护结构稳定。材料以黑色材质细腻富有光泽的黟县青石为佳，如黟县南屏宏礼堂、叙秩堂、叶奎光堂石鼓基座石雕。宏礼堂石鼓，左右分别以"三龙腾云"和"五凤朝阳"衬托，基座上则刻有"高山流水""苍松飞鹤""亭台楼阁""城郭塔影"四方石雕。鼓座正面雕以玉瓶、宝鼎、白象、青狮，上有题头，下有落款印章，显然吸收了山水画的形式。祠社宅第的柱础，也是雕刻的重点部位。

徽州区呈坎罗氏宗祠石雕栏板之一

徽州区呈坎罗氏宗祠石雕栏板之二

二、祠堂及住宅的石雕

徽州很多漏窗石雕，特点在于它的"漏"，这有点像山水画中的"留白"，也是一种突破有限空间而达到无限意境的手段。漏窗石雕显得沉雄壮观、气势宏大，使内、外景色融为一体。

黟县西递堪称石雕艺术博物馆，大型花窗和小型窗户多用整块黟县青石料透雕成各种几何图形或寓意图案，空间层次感极强，像一幅立体的图画。西递的西园中有一对漏窗，左为松石图案，奇松从怪石嶙峋的山上斜向伸出，造型刚劲凝重；右为竹梅图案，弯竹顶劲风，古梅枝婆娑，造型婀娜多姿。雕工精美至极，堪称石雕艺术精品。

黟县西递西园石雕漏窗

在西递的凝瑞堂，堂内的石柱础上雕刻有以佛经故事为主的内容，其人物题材在徽州民居中少见。堂前石阶中央的斜照里，嵌有双龙戏珠石雕，并衬以山石波涛、琼楼玉宇，宛若仙界天国。大门外有一对保存完好的黟县青大理石石雕宝瓶。其瓶身所饰的山水云雾花纹图案，采用了浮雕与镂空雕刻相结合的手法，浑厚潇洒，凝重沉雄，令人叹为观止。

三、牌坊石雕

胡文光胶州刺史牌坊。该坊中间两柱前后雕有两对作为石柱支脚的倒匐石狮，造型逼真，威猛传神。梁枋、匾额、石柱、斗拱都装饰有对称的雕刻图案，且多有寓意。如匾下斗拱两侧，饰有32个素面圆形花盆，象征花团锦簇，后竟应验了胡文光为官32年；雕花漏窗上，有牡丹、凤凰、八仙和文臣武将，以及游龙戏珠、舞狮耍球、麒麟嬉逐、麋鹿奔跑、孔雀开屏、仙鹤傲立等石雕，个个细腻生动，无不活灵活现。石坊前后都有题签镌刻，二楼额枋上刻有"登嘉靖乙卯科奉直大夫胡文光"字样，三楼匾额东、西面分别刻着"荆藩首相"和"胶州刺史"楷书大字。

第四节　徽州建筑木雕

一、木雕类型与用途

木雕温润细腻，徽州木雕分为两类：一类是大木雕，它主要指建筑承重体系部分的木雕，如梁枋、斗拱、枫拱、丁头拱、蝴蝶木、山雾云、雀替、叉手、托脚、月梁、蜀柱等上的雕刻；另一类是指徽州建筑中非承重体系部分的木雕，主要是指隔扇、勾栏、内檐门罩等上面的雕刻。

徽州建筑的梁架结构多为叠梁式或穿斗式，并为天井式的结构布局。木构架装饰重点在正向堂面和向着天井而暴露的明构架上。明代建筑构架的装饰比较简洁、庄重，柱梁用料硕大，构架比较厚，柱身光洁，一般不加雕饰，并将柱卷杀成梭状。柱础以鼓状形式居多，形态与纹饰以宋代特点居多，如覆盆式、伏莲式、仰莲式、牡丹花式等。其上部斗拱挑头多设枫拱，丁头拱承托大梁，脊檩旁设蝴蝶木、山雾云，檩下多饰花替，檩间多设叉手、托脚等富有装饰意味的构件。清代木架构装饰更加华丽。构架比例趋向纤细，柱子出现倒方或方形断面，柱础形态较明代多，饰纹样式丰富，刻工细腻。

檐廊楣罩、厢房窗栏、隔扇门等，是徽州民居小木作的重点部位，这些小木作具有采光、通风、防尘、分隔空间、装饰美化等功能。明代至清初的小木作雕饰图样简朴，以木格和几何纹样居多。清中叶后，民居中盛行奢靡之风，小木作也日趋华丽，花格图案和裙板木雕多采用极其繁复的图样来表现吉祥的寓意。黟县卢村有一座俗称为"木雕楼"的志诚堂，据说是清代富商卢百万为他的小妾所建。整个木雕楼的梁柱、栏杆、门窗等但凡有木头的地方，全都雕满了民间典故、花鸟虫鱼等，满目芳华，写实传神。比如，厅堂内16扇莲花门，每个门板的下端都雕有一个故事图案，其中的一块表现的是陶渊明隐居南山的悠然生活。图中，他以荷叶作为酒盏，由侍童向荷叶中倒酒取乐；相邻的一块表现的是《西游记》中的传说；还有一块表现了伯乐相马的典故；等等。值得一提的是，木雕楼的建造耗时13年，其中大部分时间都花在了这些精美的雕刻上。

徽州木雕，尤其是大木雕，一般不施彩色，其原因之一是由于明朝规定："庶民庐舍，洪武二十六年定制，不过三间五架，不许用斗拱、饰彩色"。富而不贵的徽商，只能在封建住宅等级限制之外另辟蹊径，常用银杏、楠木、红木等名贵木材，保持本色以显其纹理色泽质地，使雕刻的细部更显生动鲜明。月梁头上一般用线刻纹样，窗下栏板、屏门隔扇、天井四周的望头柱和檐条等用浮雕技法较多，斗拱、撑头上的人物或动物，左右对称，尽用圆雕、透雕。木雕内容有戏剧、故事、传说、花鸟、博古、八宝等。木雕装饰中的卷草、虫鱼、云头、回纹变形等，显得丰富多彩、民俗风情浓郁，充分体现出徽州工匠的创造性以及徽州木雕的独特风格。

二、天花与轩顶

对于徽州建筑而言，一般都为"彻上露明造"，充分显示出木梁架的结构美与装饰美。在门廊门厅、两庑和大厅或天井前檐屋盖下多设轩，轩下设月梁、蜀柱，内屋顶曲线变化丰富。也有部分天花直接铺设木板的，只是把它加工得更加整齐罢了。

三、隔扇

隔扇，徽州俗称"格子门"，是徽州建筑内部进行分隔的主要建筑构件，它广泛用于建筑室内的分隔，尤其是面向天井的侧界面。明代至清初，多用方格眼或柳条棂条，风格简朴，形式分为四冒满天星、六冒满天星、柳条式3种类型。稍晚些时候，特别是在清中叶以后，由于奢靡之风盛行和工艺技术的进步，隔扇越来越华丽，格心采用双层套雕装饰，花纹变得丰富多彩。隔扇条用六冒头形制，花纹图案和裙板木雕、构造精巧细致。

四、门楼木雕

汪口村俞氏宗祠。俞氏宗祠的重檐歇山顶式门楼，被称为"五凤门楼"。五凤门楼在宫廷建筑中较为常见，而用在民间宗祠建筑中则较少。

门楼上的雕刻，有"万象更新""双凤朝阳"和"福如东海"等主题。这些雕刻采用了浅雕、深雕、透雕等刀法，十分细腻精巧。天井廊庑上的雕刻则以卷云花草、亭台楼阁、小桥流水为内容，层次分明，形态逼真，立体感很强，就像是一幅幅出自名家之手的美丽的园林画卷。据说那支撑长廊的斜撑上面原本各雕刻了一只狮子，狮子的头部顶住花托，支撑起了长廊与屋檐的重量，可惜在后期被破坏了，现在只依稀看到有剥离的痕迹。享堂部分的两根梁上各有一个"福"字和一个"寿"字，因而被称为"福寿双全"。

徽州

109

婺源思溪。思溪承裕堂，建于清嘉庆年间。与其他古民居不同的是，承裕堂仿效官厅的建筑形制，在大门后另设置了一座中堂门。堂内木雕可谓精彩绝伦，凡梁枋、雀替、护净、窗棂、隔扇、门楣和柱拱间的华板、厢房板壁等处，在不改变和影响构件的实用原则下，大都精心采用浮雕、圆雕、透雕和辅之线刻的手法，精雕细刻龙凤麒麟、松鹤柏鹿、水榭楼台、人物戏文、飞禽走兽、兰草花卉等图案。木雕不施彩漆，保留木质纹理和天然色泽，显得格外古朴典雅，处处体现出质朴之美。思溪振源堂，室内的木雕同样非常精致，4扇窗户上雕刻的是吕洞宾、铁拐李、何仙姑等八仙，他们或坐或立，举止各异，形象极为逼真。

第五节　徽州建筑彩绘

彩绘是中国古建筑中的一大特色。明清时期最常用的彩画种类有和玺彩画、苏式彩画和旋子彩画。和玺彩画以龙凤纹样等为主题，只限用于宫殿建筑上。苏式彩画以山水、花卉、翎毛、走兽等为主题，在园林建筑中应用广泛。旋子彩画，是以旋子花为主题的彩画。

徽州古建筑中的彩绘主要见于梁枋、轩顶、天花、门罩与门楼、窗楣、墙体的檐口等处，通常为旋子彩画类。梁的彩绘分为3段：中段称枋心，左右两段的外端称箍头，枋心和箍头之间称藻头。徽州古建筑中月梁的彩绘通常为"包袱锦"图案，如呈坎宝纶阁月梁的彩绘，至今仍然图案清晰、色泽艳丽。其图案应属于旋子彩画类，但又不同于旋子彩画。在旋子彩画中，箍头、藻头、枋心的图案是不同的，宝纶阁的梁柱虽也有箍头、藻头、枋心之分，但其整根梁柱的图案一律相同。

徽州室外的彩绘则以白灰底的墨绘为主，与白墙、黑瓦、山川、植物等组成了清新、雅致的色彩特征。

梁枋的天花彩绘出现较早。明景泰七年（1456）重建的歙县西溪南"绿绕亭"月梁，便绘有彩绘。明万历四十五年（1617）落成的徽州区呈坎宝纶阁月梁彩绘，至今仍图案清晰，色泽艳丽。明代宅第彩绘，如黟县程氏宅月梁、歙县西溪南黄卓甫宅梁枋、休宁枧东吴省初宅天花及梁枋。徽州明代建筑的彩绘，既不同于北方宫殿建筑和玺彩画与旋子彩画的过于富丽和浓重，也不同于苏式彩画的艳丽流俗。月梁多绘以包袱锦，典雅明丽，较之清代中晚期以后于梁上雕琢有损于结构的做法，更为合理。明代宅第天花彩绘，休宁枧东吴省初宅大厅彩画为难得实物，它在淡灰色的木地上，满绘着精致的木纹，点缀着蓝绿色的花叶，和淡蓝、粉红、粉白色的花朵构成一体，调子非常和谐，也非常优美和恬静。又因淡色调的面积相当多，在梁上用较深色的包袱相衬托，产生一种明朗而安适的对比作用，使人久居于内而不致产生不舒服的感觉。总的说来，是实用与美观相结合的很好作品。

清末民初，一些民居以彩画门楼、窗楣的形式取代砖雕，于是发展成墙面，主要为外墙面的彩画。它除见于窗帽、门楼，还存在于墙、墙沿口边缘等重点部位。这类彩画有 2 个特点：

其一，它的基本式样由砖雕门楼形式变通发展而逐步成型。它保留了砖雕门楼中手卷式、字牌式的 2 种基本式样，但常以彩画代替其中字匾。毕竟彩绘比砖雕制作要容易得多，故彩画后期形式日趋多样，出现了砖雕不易制作的半月眉等式样，装饰面也扩大到窗相、屋角、墙头等处。

其二，彩画绘于白色粉墙，且多于光感极强的外墙，色彩明丽。这与室内黯淡深沉的彩画色调是不同的，甚至与明清徽州建筑古朴典雅的格调也不尽一致。我们可以从艺术价值角度指出它粗疏浮浅，但不能漠视它的存在。它的形式被认可，是清末民初社会变动引发的文化面貌变异的反映。

第九讲 徽州建筑结构与工艺文化

第一节 木构技艺

唐初，徽州隶属江南西道，时任江南西道观察使的韦丹见"民不知为瓦屋"，遂"召工教为陶，聚材于场，度其费为估，不取赢利……"（《新唐书·韦丹传》）他采取鼓励和优惠政策，并亲自劝导、督促，使砖木结构的瓦屋在徽州民间得到推广。早期的徽州建筑在楼层设计上仍沿用干栏式：楼下低矮，栅栏外露甚至不加修饰，楼上厅宽敞，方砖铺地，望砖蒙顶。人们生活起居的主要场所在楼上。后来，随着砖墙防潮性能的改进和排水管沟的畅通，以及那些过去威胁楼下居住的恶劣因素随着地理环境改善和社会进步而逐渐消失，徽州民居建筑才逐步演变为楼下高大宽敞、楼上简易的形式。从时间上看，徽州民居建筑风格的形成，应当上溯唐宋时期，而从楼上厅演变为楼下厅的过程一直到明末清初才基本完成。

房屋以木构架为主体，内部分隔也多是板壁、屏门、隔扇；墙不承重，柱扛大梁，即中国古建筑中所谓的"墙倒屋不塌"。且徽州木结构建筑外墙与立柱分离，更有利于防潮、维修等。

以一明堂二暗房三开间式为基本单元的民宅一般有8根、16根、24根立柱等不同形式，相邻4根柱子之中围接的空处称为间。另外，不论硬山顶还是悬山顶，前后两面坡上的瓦椽靠5根桁条木承托着，而承托着这5根桁条的梁就叫五架梁，也称五步梁。明洪武二十六年定制，庶民庐舍不过三间五架。但在徽州却以此定式，灵活地组合连接而成多进堂屋。多单元纵横向延伸，同时垂直叠加成阁楼，使得木构梁架奇巧多变，其上的蜀柱、叉手、雀替、托脚、柁峰、斗拱等构件，相互勾连迂回、巧妙结合，梁架结构的技术工艺和装饰艺术相互渗透，达到了珠联璧合的妙境，这正是徽州匠民们高格调的文化基质和审美品位的具体反映。徽州建筑群体的外观朴素简洁，通过对建筑部位、构件施以精致优美的雕刻装饰，创造一种远观亲切质朴、近看清丽文雅的艺术格调。置身于徽州一些大姓古村落中，举目四望，任何一个角度的景观都给人留下美不胜收的印象，犹如进入了建筑雕刻的艺术长廊。

一、木构架的特点

徽州建筑的木构采用叠梁穿斗混合式，叠梁部分的梁柱，需要栋梁之材。特别是徽州明清建筑中保留的一些宋式做法：柱加工成梭状的"梭柱"，梁加工成向上弯曲的"月梁"，对木材要求更高。这些都仰仗徽州充裕的质优价廉的木材。

徽州传统民居木构架做法，除了穿斗式与抬梁式之外，最具代表性的是结合山岳文化中穿斗建筑和北方中原文化中的抬梁建筑而衍生的一种新的木构架结构体系，被称为插梁插拱木构架，其地方特色十分突出。

抬梁式梁架的特点是柱上承梁，梁上承接檩，檩上铺设椽条，屋面的荷重是通过承重梁间接传递到柱子上的。明清徽州传统民居中抬梁式木构架的承重梁常做成月梁形式，当地也称之为冬瓜梁。然而徽州地区的月梁和宋代《营造法式》中记载的略有不同，徽州传统民居中月梁的断面接近于圆形，而且两端比中间稍细一些，中间稍微向上弯曲成弧形。梁的两端雕刻有圆形弧线，梁下以丁头拱承托。

穿斗式梁架的特点是柱承檩，檩下的柱子落地，组成框架结构，直接负担屋面荷重，非常牢固。在徽派传统建筑穿斗式梁架民居中，梁架穿枋断面为矩形，连接柱子的穿枋基本不承载屋面重力，也有使用组合枋的。有时穿枋多仿照徽州特有的冬瓜梁样式，仿面稍稍向上弯，不做雕刻，素如琴面，形制简洁。穿斗式构架柱子比较密，因此用材细小，相比抬梁式建筑中的大型用材可减少房屋造价。在徽州传统建筑中，一般小型民居多采用穿斗式梁架结构。

由于穿斗式梁架柱网布置为满堂柱，柱子较密，影响室内空间，因此，为求空间之大，在大型较富丽的民居或祠堂中，则使用穿斗抬梁式木构架，即在门厅等处使用抬梁式梁架，而山墙上仍采用穿斗式梁架。这样做既可以增加室内空间，又可以节约木材，是徽派民居中特有的木构架形式。

在徽派民居中，除了特殊的木构架形式，最能显现徽派民居特色的还有一些构造特殊、雕刻精美的木构件。徽州民居中，梁断面接近圆形，两端较中央稍细，梁起拱，做极缓和的弧形，梁端下部自丁头拱上出一凹形圆和曲线，俗称"梁眉"。梁眉与丁头拱一气呵成，十分简洁，巧妙地处理了梁端下部嵌斗拱所产生的断面厚薄变化。早期梁眉舒展有力，梁端丁头棋眼内多雕云纹图案。后来，丁头拱也演变为雕刻越来越复杂的雀替。

　　明代，一般大型住宅多为进深九檩，明间缝檐柱与金柱之间用月梁式双步梁。双步梁上用驼峰承托栌斗，斗旁出拱承托单步梁头；也有不用驼峰而代以瓜柱的做法。进深较小的七凛建筑，檐柱与金柱之间则仅以月梁形单步梁联系。二金柱之间使用五架梁，梁上置瓜柱二，支承三架梁，瓜柱与金柱上端另加单步梁。三架梁上则立脊瓜柱承托脊檩，两侧置雕饰化的叉手。明初叉手线条简洁，常雕刻如飘带样式，明后期则主要雕刻成云纹为主。梁上承受瓜柱的平盘斗均雕成莲瓣或花卉等图案，十分华丽。不用平盘斗时，脊瓜柱下端多收成鹰嘴形状，显得朴实大方。三架梁、单步梁梁头均雕成云纹、卷草。彻上明造梁架的许多构件雕刻精美，将结构与美观融为一体，并和其他部分保持完整的统一性。

　　到了清代，随着家庭活动中心移到底层，楼层高度逐渐降低，穿斗架使用更多，梁架雕饰的重点也移至底层。一些大型住宅的底层不布置厢房，3间为堂，同时增高堂的空间，和楼层一样用彻上明造木构架，并设覆水橼，廊步则设卷棚，上均铺望砖。这实质是天花装修，当地人称"明厅暗阁"。如建于清代的歙县徽城杨宅规模宏大，通进深达48.5m，第一进为堂，即为此类做法。明代住宅出檐一般多用插拱以承托外檐重量，且常使用斜拱，斜拱的特点是：除正常华拱与令拱外，又于45°角处向外斜出二拱。此类斗拱因形似雀巢，故当地俗称喜鹊巢。这种斗拱装饰效果极强，多用于大型民居或祠堂建筑中。插拱安装在八角柱上，柱则立于楼层外挑的弧形栏杆上。插拱在斗拱发展史上是一种较原始的结构法，宋以后盛行于南方。至清代，梁外端伸出，直接承托挑檐檩。向外悬挑的楼层则将梁枋延伸出柱外，并在外伸梁枋下增置撑拱，俗称"斜撑"。撑拱外形常作艺术加工，富装饰意味，也有些做成圆雕，成为纯装饰品，反而减弱了结构作用。

二、木构架构造做法

　　一般在营造过程中，先将木构架各部件预先制作好，然后到现场安装，其优点是拆卸方便。明代早期，徽派传统民居中多做梭柱，直径与柱高的比例约在1∶9与1∶10。做法为从柱子中间开始分别向上下两头做卷杀，柱子低端直径较上段较小。梭柱做法仅在明代建筑中有遗存。柱子在房间中不同的部位名称各不相同，如有后步柱、后金柱、后金子架柱、脊柱、前金童柱、前步柱、前步廊柱等。徽州民居一般面阔较小，因此各柱一般没有升起，但外墙柱一般仿照宋式做法略作侧脚以加强立面稳定感。徽派传统民居梁枋用材一般较小，大多以一层楼高的1/14来定梁高，枋一般比梁厚度要小且不做雕刻，梁、枋面稍向上弯曲，俗称"虹梁"或"元宝梁"。

徽帮匠师一般先按通进深尺寸选定水法（总举高），而后绘测样求每步水法（步举高），求各段水法有檐三、金五、脊七之口诀。

1. 木作构架

徽州民居的构架，与华夏大地其他类型的民居大致相同，它们基本采用了木作构架，即由柱、枋、梁、檩、椽等构件组成。徽州民居的重要构架特点之一是穿斗式梁架和抬梁式梁架的混合使用。

穿斗式梁架在结构上的主要特点是梁上的短柱料细，柱间距较密，以木条将短柱与短柱进行串接，形成整体。徽州民居中使用穿斗式梁架的以小型的住宅居多。这是由于穿斗式梁架结构房屋内的立柱较多，不能创造大空间，因此大型住宅不采用这种结构。

抬梁式梁架是中国古代建筑中最常见的一种木结构方式，它的构架是在立柱上接梁，梁上设短柱，短柱上再放短梁，层叠构架，直至屋脊。相对而言，抬梁式梁架结构要更为复杂一些，同时对工艺要求更精细。抬梁式梁架结构的优点也是明显的，它不仅经久耐用、牢靠结实，更重要的是房屋内部能够形成较大的空间，建筑外观更加富有气势。因此，许多重要的建筑和讲究的住宅多用抬梁式梁架。

从梁架穿枋的断面形状来看，穿斗式梁架的断面为琴面一样的矩形，轮廓略呈弧形，显得朴素无华；抬梁式梁架的断面接近圆形，两端相比中心部位稍微细些，呈弧形的梁端下部有一凹形圆或曲线，更显华丽。

2. 梁柱结构

有人将徽州民居梁柱的特点归纳为四个字——肥梁瘦柱，意思是说，这些构件中梁显得粗大，而柱显得纤瘦。其实，肥梁瘦柱也是相对而言的。

徽州建筑的木构架既包括承重的大木作体系，也包括墙、屋顶等围护构件，以及楼梯、台阶、隔扇、门、窗一类配件。徽州"山出美材"。土著先民在以木构架为主体的徽州建筑用材技术上早有相当水平，北方士族引入中原梁柱为承重骨架的官式建筑做法，使得徽派建筑吸取了江南穿斗式、北方叠梁式的优点，并结合山越人干栏式建筑技术而生成了新的木结构体系。穿斗式柱间由穿枋连接，营造简易灵活，节省木材。宅第仅于厅堂处用叠梁，而生活起居处，尤其楼层间则用穿枋。叠梁式则由柱上层层抬梁而得，能获得较大空间，硕大的横梁其形如新月平卧，故称"月梁"，因其粗壮且中间部分略微起拱，又俗称"冬瓜梁"，通体显得恢宏壮美。徽派木结构中的立柱也很粗大，或圆或方，向上多有收缩，显得粗而不笨。明代屋柱常加工成梭状，称为"梭柱"。梭柱是指立柱从中间开始向上、下两端逐渐收缩，中间粗、两端细，状如织布所用的梭子。徽州地区保存至今的明代民居中还保留有梭柱。徽州民居中的这种做法沿袭了宋代定型的大木作的做法。柱础的形式多种多样。有圆有方，还有八角形等，都是用整块石材雕刻出基座、础身、盆唇等，层次多的达七八层甚至十多层，其花式在清代尤为繁复。屋柱与柱础之间有一块垫木，其木纹呈水平状，它可阻碍潮气顺柱底端竖状木纹上升。到了清代这种垫木结构消失了，只在屋柱与柱础接触处开出利于通气的小木槽，以防柱底部受潮霉变。徽派木结构的另一特征是其斗拱的铺设装饰效果。

宋式做法在明清徽州建筑上保留了相当的程度，而同时，徽州建筑自身也有许多独特的地方。比如：宋式做法的建筑将梁枋常加工成月梁状，而明清时的徽州建筑不仅将梁枋加工成月梁状，还将额枋等也加工成月梁状。徽州建筑内常见雀替构件，它是指置于梁枋下与柱相交的短木，起到缩短梁枋跨度距离的作用，也有纯装饰性的雀替用在柱间的挂落下。有人认为，雀替就是宋《营造法式》中提到的棹幕枋。也有学者指出，它是由丁头拱演变而来的。在徽州民居木构中，既有成组的斗拱，也有大量雕刻精美的撑拱，还有简练实用的插拱。徽州民居中，有的斗拱中增加了一层枋，起到增强斗拱与梁柱联系的作用，这显然也是来源于《营造法式》中穿斗式穿枋的启发。

3. 斗拱

封建社会礼制完备，建筑有严格的等级制度规定。比如：在建筑的形式上，由官宦府第至庶民屋舍，从上至下等级森严。明早期除了沿袭前朝规制，将重檐屋顶、顶棚藻井等作为帝王宫室专用外，还将歇山屋顶等列为五品官以下的宅第严禁使用的形式。瓦脊式样、大门颜色，以及梁、栋、檐等的色彩，也都有不同等级的细化规定以示尊卑。明代《舆服志》中有这样的记载："庶民庐舍不过三间五架，不许用斗拱、饰彩色。"然而，规制只是一个大体的模式，从某种程度来看，总有规制限制不到的地方。徽州官宦商贾并不安于规制，他们想尽了办法。终于，他们在建筑雕饰上寻找到了突破口——采用斗拱。斗拱在徽州民居等建筑上使用较多，其主要类型包括平盘斗、交互斗、横拱、丁头拱等。比如，在今天黄山市徽州区潜口的曹门厅内，装饰有凹入的海棠瓣，外轮廓比宋式做法更显细致精美，这是用护斗来做雕刻；司谏第的前廊上的昂斗拱，雕刻着十分少见的"飞转流云"；而黟县碧阳镇的舒桂林宅中，采用了极罕见的唐式斗拱做法，这也是反规制的一种手段。

建筑规制随着封建制度的式微，在清代中后期渐渐失去了控制力。徽州民居在修建时也有突破规制的例子，如徽州民居的隔扇就是室内空间分隔的主要设施。其也被称为"格子门"。明代至清初，隔扇崇尚简朴，以木格和柳条窗居多。清代中后期，隔扇装饰渐渐精巧细致，裙板部分相对花格的高度也逐步在降低。隔扇的高度主要由地栿到枕下皮的距离决定，它的宽度主要取决于房间开间的大小。

徽州民居自古以来，在整体上就不施粉黛，崇尚本色。屋顶一概用青瓦而基本不用琉璃；门楼、隔扇、梁栋等，也不加涂饰。细细品一品，人们会发现，徽州民居在性格上有着较为鲜明的内外反差。它将民间气息与文人雅趣相互融合，蕴藏着封闭与开放的特质。从表象看来，徽州民居是朴素的，具有一定的提防、排他性以及自我的封闭与内敛。但在内部，徽州民居却一再追求精致甚至是极致，相当通融与活络。

4. 楼层

徽州古建筑的楼层一般是两层，三层的建筑也较常见。明代的徽州住宅建筑，一楼明间设置祖堂；二楼地面铺设方砖，它是整个家庭的主要活动空间，因而显得比较开阔；在屋内一侧设置楼梯，供上、下楼之用；而厨房和仓库一般单独设置，紧挨着建在主体建筑一侧。为从属建筑。这种布局到了清代发生了较大的变化：由于家庭活动转移到一楼，楼梯的位置就调整到堂屋后部，前面是太师壁，因而更显得"藏"。在一楼楼梯口，有的人家还安了一扇门，并设置锁具。一般民居的楼上比较宽敞，二楼和天井位置对应的地方有一圈围绕着的檐廊，俗称"跑马楼"或"走马楼"。跑马楼和正门相对的栏板一般高于其他建筑，栏板上有多个方形小孔，大约半尺见方。站在厅堂望向栏板，由于光线昏暗，那些小孔显得十分隐蔽。据说在古代当地有这样的传统：徽州地区大族规矩甚多，未出阁的姑娘不能轻易抛头露面。如果有说媒之人来家中或者陌生青年男子来访，女子便可在楼上通过这些小孔观看楼下的情形。目前，徽州地区还保留有不少这样的跑马楼构造。

由于各楼层的结构略有不同，徽州古建筑楼上立柱是立于梁上的，并没有和楼下立柱位置一致。徽州匠人对结构这样处理，体现了他们对传统

117

木构架结构的力学原理烂熟于心的信心。这是由于，一层梁架大多使用粗壮木料，能够保证足够的强度和刚度，与此同时，楼上采用了木构穿枋与一楼结构相互配合。徽州匠人的这种处理，正可用"艺高人胆大"来形容。

5. 栏杆·飞来椅

飞来椅是徽州民居楼层中常见的一种弧形栏杆，因栏杆身稍向外临空悬置，超出天井栏板，形状略似椅靠背，古代徽州女眷倚此观望，故又名"美人靠"。在明代，飞来椅一般设置在室内二楼，正对天井四周的楼厅边沿部位。饰有精美木雕刻的栏杆和弧形靠背座椅，与板壁、格窗等处的疏简形成鲜明对比。到了清代，人们在二楼上的活动逐渐减少，飞来椅在建筑中变得并非不可或缺。之后，飞来椅也用于临街店铺的外立面以及水街长廊。

以上列举的徽州民居结构上的许多特点，被当地一些民谚很形象地概括为"白墙黑瓦马头墙，三间五架双楼房；砖雕门罩石漏窗，木雕楹联显文华""木门山墙地磨砖，两进三间天井院，双层结构砖木楼，楼上阁厅飞来椅"等。徽州民居集聚着徽州山川大地的灵气和徽州历史文化的精华，具有丰富的美学意蕴和实用价值。它既是徽州人避风雨、御寒暑的物质对象，也是人类本质力量的精神体现；它既是地方的，也是世界的。

6. 小木作装修装饰工艺

檐廊楣罩、厢房窗栏、隔扇门等，是徽州民居小木作的重点部位，这些小木作具有采光、通风、防尘、分隔空间、装饰美化等功能。明代至清初的小木作雕饰图样简朴，以木格和几何纹样居多。清中叶后，民居中盛行奢靡之风，小木作也日趋华丽，花格图案和裙板木雕多采用极其繁复的图样来表现吉祥的寓意。黟县卢村有一座俗称为"木雕楼"的志诚堂，据传是清代富商卢百万为他的小妾所建。整个木雕楼的梁柱、栏杆、门窗等但凡有木头的地方，全都雕满了民间典故、花鸟虫鱼等，满目芳华，写实传神。比如，厅堂内 16 扇莲花门，每个门板的下端都雕有一个故事图案，其中有一块表现的是陶渊明隐居南山的悠然生活，图中他以荷叶作为酒盏，由侍童向荷叶中倒酒取乐；相邻的一块表现的是《西游记》中的传说；还有一块表现了伯乐相马的典故；等等。值得一提的是，木雕楼的建造耗时 13 年，其中大部分时间都花在了这些精美的雕刻上。

第二节　砌墙技艺

一、墙体砌筑过程

清代主要以"鸳鸯墙""空斗墙""单砖墙""灌斗墙"来砌筑。单砖墙用单砖砌筑，墙厚为砖的宽度，一般为180mm左右（砖长度的1/2）。徽州地区建筑墙体主要为维护结构，并不承重。外墙砌砖，多为空斗，砖很薄，中填以碎石泥土等。

屋面以下墙体砌筑方式，以灌斗墙为例。首先是砖浸水湿润，然后四角挂线定位。砖墙砌筑一般为三皮一带线。首先由砖匠师傅定四个墙角，在两个墙脚之间每砌三层（俗称"三皮"）拉一下吊线，以控制墙体平整度和垂直度。两个垛头为一个工作面，各个垛头间循环砌筑。砌筑时，明代用带木牵，清代用带铁牵或铁扒锅的方法来使墙与木柱牵固。

屋面以上砌马头墙。首先砌三层拔檐，砌好三层拔檐之后，两面开始做出盖瓦，在两盖瓦的中间包筒盖脊，其次是铺大平瓦，安装博风板，加盖披水，再安装马头墙雕饰构件。

安装砖雕门楼：将受力构件在砌墙体时预埋（一般为铁件，起牵拉作用），墙体砌筑完成后抹白灰前，从下向上安装水磨砖、砖雕雀替、额枋、字匾、榫卯、砖细五路檐、砖作门楼椽、饯脊头、束腰鳌鱼、青瓦屋面（花边、勾头、滴水）等构件。

抹灰有水刷面与抹光面两种做法。水刷面即抹灰后用灰帚刷清水。抹光面即用铁抹子反复压光。抹灰前需先将砖墙浇水润透，并在白灰内加纸筋，目的是使灰面不开裂。

在墙体砌筑方面，清晚期使用最多的是灌斗墙，灌斗墙使用27cm×15cm×2cm的薄砖砌筑。由于这种传统砖规格较大，烧制时难度大，因此一般窑厂不再制造这种砖，致使灌斗墙做法也面临失传的危险。砖的形制与规格的改变影响了墙体的构造做法，促使墙体砌筑后来演变为空斗墙。空斗墙的做法是丁头通头，内不填泥浆。近些年墙砌方法主要为单墙砖（也称鸳鸯墙或二四墙），做法简单，一层一层破缝叠砌。明代时墙体与柱子间有柱门，以利通风，防止柱子腐烂。做法一般为每层每柱开一个，大小为一砖长，现已无此做法，一般是将墙与柱保持一定距离以利通风。砖雕材料早期产自徐村，泥质细腻，烧制工序讲究，其质地非常好。现在仅有一两家还用传统方法制砖，方法较为复杂，因此造价高，且烧制时间较长，满足不了砖雕用砖的需求量。现在砖雕用材多不采用传统烧制方法，但使用普通方法制作的砖达不到传统砖的质量，敲击时没有金属回声，雕刻过程中易破损，砖的质量的改变一定程度上影响了砖雕的艺术效果。

二、风火墙

在徽州民居的外部，与屋瓦相伴的往往是视觉形象更鲜明的风（封）火墙，因其造型似马头形状，也俗称为"马头墙"。徽州地区自古地狭人稠，村镇聚落大多是合族而居。为了避免邻家失火殃及自家，民居建筑上采用了封火山墙的构造方式，即将房屋两侧的山墙砌得高过屋面超出屋脊，并以水平线条状的山墙檐收顶，成为马头翘角的阶梯形叠落面。徽州民居在建造时，一般根据建筑物的进深尺寸确定山墙阶梯的级数和尺度，多为三叠和五叠，俗称三山屏风和五山屏风。由于其尺度合适，形状多样，外部造型给人的整体印象如跌宕起伏的五座山峰，俗名"五岳朝天"式马头墙。这种做法最初是为了防火，因而其主要功能是实用。但到了今天，其装饰功能更为突出。

徽州民居的外墙体在构筑过程中，都是用烧制过的青砖砌成，然后表面涂抹白灰，涂抹厚度在28cm至34cm之间；室内隔断墙壁用芦苇秆编制而成，外表再涂白灰。生活在明代的徽州人金声对此曾做过解释，他认为徽州民居墙体涂抹白灰的做法，是为了防止雨水侵蚀建筑墙体，并非单纯装饰的目的。防雨当然是对的，但不为装饰却不见得说的是事实。"胸中小五岳，足底大九州"的徽州商人，当他们荣归故里后，将外乡所见到的更高层次的文化引入徽州，他们大兴土木，构筑起一幢幢精美异常的民居建筑。因此，在明代晚期的时候，"入歙、休之境而遥望高墙白屋"，民居群落展现出连绵的气势和美轮美奂的细节装饰，它们凭高低错落、抑扬顿挫的形态，成为徽州村落的一个醒目的符号。

何歆创修的火墙，主要的功能是阻挡火势，阻止火灾蔓延，故后人称之为风（封）火墙。随着人们对风火墙的防火优越性的深入认识、社会生产力的提高和徽商经济的发展，人们已不满足于"五家为伍"建造的风火墙，而逐渐发展到每家每户独立建造的风火墙。风火墙采用砖石结构，以砖砌为主，建筑在房屋的四周，把可燃的木结构包在里面。风火墙是古代木结构建筑上的一项至关重要的防火技术措施。500多年来，它保护了无数的生命与财产。在现代建筑中，它仍然是一项重要的防火分隔措施。

第三节 铺地技艺

为了适应皖南山区雨季潮湿的气候特点，巷道和宅内天井共同构成聚落自然通风系统，以增进室内空气对流，解决散热和防潮问题。与天井相连的厅堂地面也采取了特殊的防潮构造处理。通常做法是：地基上铺一层石灰、一层细砂后再铺地墁砖。厅堂两侧用作卧室的厢房通常较窄小阴暗，一般做成架空式木地板以避潮湿。更有如棠樾村保艾堂这样的大屋，其厅堂地面防潮做法堪称别出心裁：一层石灰、一层细砂、一层口朝下排列的酒坛，上面再垫砂、铺地墁砖。此屋在梅雨季节从不吐潮，干燥爽朗，四季如一。

一、地面铺装

地面铺装时，首先铺天井内石材，其次铺厅内四周条石，然后进行厅堂地面与楼面的铺设。地面做法主要有方砖墁地与三合土地面两种做法。方砖墁地方式一般用于中型住宅的室内地面。其中堂屋一般是大方砖墁地，以菱形方砖铺砌方法：一种方式为先量好室内尺寸，算出所需砖的规格后再做砖进行铺砌；另一种做法为先拉线铺砖，边铺边修整砖的大小。有经验的工匠可只拉四角对角线，然后先铺中间一排砖，再依对角线铺砖。有的砖下有灰膏或者灰浆，然后磨砖对缝（也叫挤缝）。其工序为：①抄平：首先进行基础垫层处理，用素土或灰土夯实做基础垫层称为抄平，并以柱顶石的方盘上棱为基准在四周墙面上弹墨线。②冲趟：从廊心地面向外做泛水，一般是做千分之五或千分之二的泛水。③样趟：即在室内两端及正中拴好曳线并各墁一趟砖，并在曳线间拴一道卧线，以卧线为标准铺泥墁砖。应注意的是在铺泥时不要抹得太平太足，应将泥打成"鸡窝泥"。④接趟、浇浆：将墁好的砖按下，在泥的低洼处做适当的垫补，然后在泥上刷白灰浆上缝，并用"木剑"在砖的里口砖棱处抹上油灰。砖的两肋要用麻蘸水刷湿，必要时可用矾水刷棱。⑤挂完灰后把砖重新墁好，然后手执木敲锤，木棍朝下，以木棍在砖上连续戳动前进，将砖戳平戳实，缝要严，棱要跟线。⑥铲齿缝：又叫墁干活，用竹片将砖表面多余的油灰铲掉，也叫"起油灰"。⑦刹趟：以卧线为标准进一步检查砖棱，将多出的部分用磨头磨平。⑧打点活：如果砖面上有残缺或者砂眼的地方，需要用砖药打点平整，对于还有突出的地方用磨头沾水磨平，然后将地面全部蘸水柔磨一遍，并擦拭干净。⑨室内地面钻生：在地面完全干透

121

之后，在地面上倒3cm厚的生桐油，并用灰摆来回推搂，然后将多余的生桐油刮去。⑩呛生：在生石灰中掺入青灰面，拌和后的颜色以砖的颜色为标准，然后将灰洒在地面上，厚约3cm，2～3天刮去，最后将地面扫干净后用软布反复擦揉即可。

清代还有三合土地面，做法为将三合土夯实后淋卤水反复碾压，直到表面光滑发亮为止，另有用麻绳压成45°角的斜方格。干后非常坚硬耐磨，可历几百年。

在明清民居中，常常可以见到门厅柱础上有卡口，其作用是方便冬天铺木板，从头年秋分到来年春分，厅堂里铺上装配式木地板。装配式地板1m见方，四周有边框，底下有龙骨，龙骨上架板。为了通风防潮，每块方板四角各装有一块高约25cm的垫脚。高度与柱子之间的石质地袱上沿平齐。地板块各有一定位置，以利拼装。凡贴靠转角或柱础的，则按尺寸在地板块上做凹口。这种做法可起到隔离潮气、防霉、保暖的作用，等梅雨季节过后便可撤掉木板，存放在楼上。明代个别民居正厅中央有垫心石，又名乾坤砚，由金砖做成，为古代新娘落轿的地方。

二、楼面做法

明代一般在梁山架格栅木板，清代大多不用格栅，而增厚楼板。不少住宅楼面还铺设方砖，具有防火、隔音作用。底层两侧的卧室与楼层地面多铺设木地板，铺设方法为先砌地垄墙架格栅，其上铺厚木地板。一般为两层厚木板横竖相向，中间置竹席或油纸两层以上。

第四节　屋顶技艺

一、屋面的特点

北方地区因考虑保温的需要，所以在望板或望砖上要做苦背，然而徽州地区气候温暖，无需做厚厚的苦背，屋面荷重远远小于北方地区。椽上直接铺瓦或者加铺望板、望砖。"三件头"是檐口瓦的组合方式，包括花边瓦、勾头瓦、滴水瓦，是徽州民居中的特色，多用在屋檐与墙檐。花边瓦的作用是防止正身屋面的盖瓦滑落；每陇瓦的第一块盖瓦即为勾头瓦，是为了遮蔽瓦垅；檐头的第一块板瓦前端另贴一块略呈三角形的瓦头，称滴水瓦，目的是将屋面的下水再向前托出，这样可以保护木构件与墙体。

二、屋面构造做法

徽派传统民居屋面做法比北方建筑较为简单，檩上铺椽，椽子截面多为方形，檐口有飞椽，飞椽一般做卷杀，从撩檐枋向外这一部分是四分五水（举高）。飞椽上铺望板或望砖，上铺设小青瓦，小青瓦包括板瓦、夹沟瓦、三件头（滴水、花边、勾头）等。大面积铺设一般采用板瓦，将板瓦小头向下搭成沟状，遵循着上一块压着下一块的3/10或者7/10（徽州称一搭三或者一搭七）的规矩，然后再铺设盖瓦，将盖瓦反着扣在两板瓦之间以利排水。

檐口落水做法有自由落水和天沟做法。自由落水方法主要用于明代，雨水顺屋面直接流入天井院内水池。到清代已经开始用陶土烧制天沟，通过天沟板收集雨水，流入与墙面连接的陶管，通过陶管排向院外，陶管做法有埋在墙内或露明两种做法。

三、屋面铺设过程

首先做椽，用铁钉将椽子固定在檩条上。然后两个人一组安檐椽，下面一人扶住椽头，上面一人按照檩条上的定位线钉椽子。天井露明的椽为檐口装饰出发，并做出椽头卷杀。钉小连檐、燕领板，然后铺望砖。望砖烧制成规定尺寸后经过水磨整，形成统一规格，长度为椽间距（中线）。清水砖铺设，用白灰膏嵌缝。其次，钉飞椽，方法与钉檐椽基本相同。飞椽均为扁方形，与檐椽要上下对齐。钉在望砖上的飞椽可将椽尾的钉钉入一半，留一半待瓦匠铺好望砖后再钉紧。

望砖铺设好后，即可准备铺设瓦材。盖瓦有铺灰与不铺灰两种做法。铺灰做法在徽州地区并不常见，一般仅用在较为考究的大型建筑中。铺灰工序为：分中、号垄、排瓦当、审瓦、沾瓦、冲垄、盖檐头沟滴、开线、铺瓦底泥、盖底瓦、打瓦头、铺盖瓦泥、盖盖瓦、勾瓦脸、打水搓子。不铺灰的做法常用于徽州普通民居中，即将瓦底直接摆在木椽上或者干摆在望板、望砖上，不用灰泥。其具体做法为：铺瓦前先排瓦口，钉瓦口木，确定底瓦间距，然后引瓦楞线。再铺小青瓦（板瓦、三件头、夹沟瓦等）。凹角梁上铺大板瓦作沟瓦，两坡瓦接于沟底瓦内形成夹沟汇集一道总檐水排向天井。两侧山墙砌完后，用清水砖和瓦构件做正脊。脊部为一种大平瓦，大平瓦上是青瓦压顶。

徽州传统聚落营建过程基本上按照自主营建的模式进行。工匠虽是直接建设者，但主要以使用者（房主）的建造意向为指导原则。因此，使用者始终控制营建过程。工匠们熟练掌握当地历代相传的营造技艺，即使遇到为难的技术问题，周围就有许多建成的样板供参考。当然其创造力的发挥往往就在解决新问题时表现出来。我们看到当地各家各户宅院总有其私人特征，必定符合房主的身份特点，表现出主人的生活愿望和趣味。这便是房主与工匠共同创造的结果。

显然，传统聚落营建手段以能动的继承方式为主。建成环境既是营建手段（包括建造方式、建造技术、材料选择等）的样板，也是乡民们在营建家园过程中发挥创造力的基础。

第十讲　徽州建筑意象与风水文化

第一节　村落意象与风水

　　"风水"是中国特有的一种古代建筑文化现象，从两汉到明清曾长期流行于南北各地。它以阴阳、五行、八卦、"气"等中国古代自然观为理论依据，以罗盘为操作工具，掺以大量禁忌、厌禳、命卦、星象等内容，以之进行建筑选址，并参与建筑布局的工作。它既有符合客观规律的经验性知识，如基址应选"汭"位（即可免受冲蚀的河湾内侧地），应具背山面水向阳、气势环抱、卉物丰茂的优势等；也有大量迷信内容，如五花八门的避凶趋吉、化祸为福的"形法""理法"处置招式。本来，通过对环境的处理，达到人、建筑、自然三者的和谐统一，是人类自我完善的一种美好追求，并无神秘之处。但是由于我国古代建筑选址工作从一开始就和卜筮结合在一起，其后经过历代风水师的推演，巫术成分较多。当然，风水也确实在历史上造就了许多优秀的建筑，北京十三陵和皖南众多村落是其突出范例。因此，可以这样认为：风水在古代特定条件下创造出来的许多实绩，今天仍可作为历史经验供我们借鉴；而它所依据的理论和手段缺乏现实意义，即使合乎科学原理的成分，也因远远落后于现代地质学、水文学、气象学、规划学和建筑学而无须再去应用（例如，今天通常不会弃经纬仪而用风水罗盘去为建筑物确定方位）。[①]

　　在传统社会，大到盖房铺路，小到上梁起灶，凡是关系到动土营建，没有不先行考虑风水因素的。"风水"已经成为民俗文化的一部分，并深深地烙印在传统劳动人民的思想中。风水理念一直是人们把握"大方向"、奠定"大格局"的有力工具。住宅建设更是如此，从住宅的朝向、门位的选择到住宅形式的约定俗成——藏风聚气、四水归堂，这些涉及

125

---

① 潘谷西. 中国建筑史［M］. 北京：中国建筑工业出版社，2014.

住宅整体形态、住宅与周边环境的关系的诸多方面，无一不与风水观念密切相关。

堪舆学俗称"风水学"，是中国古代传统文化的重要组成部分。它是以《周易》为基本理论框架，包容了地质地理学、水文地质学、工程地质学、地貌学、土壤学、生态学、建筑学、园艺学、伦理学、美学等为一身的庞杂且系统性很强的学术体系。

风水喝形。"廖张二公将山表出名图者，为启蒙想象而已，乃一活套之法也。"① 古徽州六县的象征性动物为：休宁蛇、歙县狗、黟县蛤蟆、绩溪牛、祁门猴、婺源龙。徽州谚语：黟县蛤蟆歙县狗，祁门猴孙翻跟斗，婺源斑鸠（或龙）休宁蛇，一犁到磅绩溪牛。同时，地物象征也寓意地域人群的精神面貌，如休宁人精明能干，经营四方，商人外出喻称"蛇出洞"；以忠义之狗，喻歙人重乡谊、讲团结；以牛能吃苦耐劳，喻绩溪人的实干精神。

风水工具。万安镇的罗盘非常有名，这显然与明清时代徽州人对风水的崇信有关。自元代以后，全国风水文化的中心就已由江西的赣州转移到了徽州。明清时代的风水名流中，绝大多数为徽州人，特别是徽州的婺源人。所以，徽州迄今仍然流行着这样一句俗谚："女人是扬州的美，风水是徽州的好。"当时，在徽州民间，风水堪舆之学极为盛行，一般人都相信宅基、坟茔的坐落以及周遭山势、水流的走向，能够给房主或墓主一家带来吉凶祸福。故而，人人都想寻觅"龙脉真穴"。以聚落为例，徽州人对门的朝向极其讲究，"商家门不朝南，征家门不朝北"便是一种根深蒂固的门向禁忌。据说这是出自"五行"学说，亦即：商属金，南属火，火能克金，故而不吉利；征属火，北属水，水克火，也不吉利。商、征，实际上都是徽州商人或移民的代称。这种观念和习俗的形成，显然与徽州高移民输出的现实有关。另外，在明清时代，休宁一带从事海外贸易的人相当之多，故而用于测定方位、看视风水的万安罗盘也就应运而生，进而成为一种地方名优产品。万安镇吴鲁衡等罗经店制作的罗盘尤负盛名，曾获1915 年巴拿马万国博览会的金质奖章。数百年来，罗盘曾随着徽商的足迹走向全国，甚至漂洋过海。

---

① ［明］余象斗著；孙正治，梁炜彬点校. 地理统一全书（上）［M］. 北京：中医古籍出版社，2012.

第二节 徽州崇尚风水之说

"风水"一词始见于晋代郭璞所著的《葬书》中。实际上，人居环境选择的思想萌芽可以追溯至先秦时期。先秦晚期的风水以实际生活体验为主，人们已有了较明确的环境选择意识。例如，仰韶文化时期聚落选址就有明显的"环境选择"倾向：选址靠近水源有利于生活生产汲水；位于河流交汇之处，交通相对便利；处于向阳山坡，河流阶地，阳光雨露，土地肥沃，可以避免洪水的侵袭。有意思的是，后来有些村落的选址与先秦时代村落遗址相重叠。先秦时期人们的环境选择意识距离建立一门学说相距甚远。秦汉时期，各种自然哲学观如阴阳、五行等思想对风水观的影响极为明显。

魏晋时期，风水说体系初步建立。《葬书》首次提出了"风水"的概念，其主要内容以阴阳为根本，以"生气说"为核心，以"藏风得水"为条件，选择理想的葬地。《葬书》成为风水说发展的重要里程碑。

唐宋时期，风水说进入发展时期。这时期有建树的风水说人物很多，分支理论空前发达。晋室东渡，中原世族避乱江南，中国的政治、经济、文化中心南移，东南地区多山多水，气候湿润，有"山泽多藏育，土风清且嘉"之美称，其巍峨山脉、起伏丘陵为新的分支学说的诞生提供了很好的土壤。东南地区以江西、福建为中心，形成"江西派"风水说和"福建派"风水说。"江西派"风水说强调以"山龙落脉形势"为主，开创了后世风水说中的"形法派"。"形法派"理论主要针对阴宅，但阳宅也常用。"形法派"风水说以江西为主，后传及浙江、安徽等地。"福建派"风水说又称"理气派"，强调五行八卦、方位理气，以福建最为兴盛。"理气派"初以福建为中心，后向浙江、广东、安徽等地传播。

唐宋时期，除建立了"江西派"和"福建派"等分支体系外，还涌现出大量风水著作。在风水说中与《葬书》有着同等重要地位的《宅经》就出现于这一时期。《宅经》中的"大地有机说"是一个值得称道的观点。"大地有机说"实质上认为人居环境与大自然是一个有机的整体，只有相互协调才能称得上是理想的环境。这一观点被之后的许多风水书籍所引用，成为风水说的重要理论之一。

明清时期，风水说在实践中得到应用和发展，大量的风水文献编辑出版。明清两代风水说中的宗法观念日趋浓厚，儒家伦理思想在风水说中得到充分的反映。许多风水书籍择地时要求寻祖宗之山，再寻父母之山，然后找阴阳之穴。祖宗之山乃群山发脉处，父母之山乃山脉之入首处，风水说力图通过山的宗族关系来表明山体气势之宏伟。

古时徽州素有崇尚风水之习俗，历史文献有诸多记载。据宋人罗愿《新安志》记载："安土重迁犹愈于他郡。泥于阴阳，抱忌废事，且昵鬼神，重费无所惮。"《新安志》又云："歙为负郭县，其民之弊，好委人事，泥葬陇卜窆，至择吉岁，市井列屋，犹稍哆其门，以俟吉向。"明崇祯时，歙县知县傅岩在其《歙纪》中曾记载了徽人争竞风水、酿成大狱之事，所谓"风水之说，徽人尤重之，其平时构争结讼，强半为此"（赵吉士：《寄园寄所寄》卷11引《稗史》）。"顾其（歙县）讼也，非若武断者流，大都坟墓之争十居其七。"（《歙事闲谈》第18册《歙风俗礼教考》）"祖坟荫木之争，辄成大狱。"（民国《歙县志》卷1《舆地志·风土》）徽州人为了"风水宝地"，可以诉诸公堂。徽州人为了得一"风水宝地""龙脉真穴"，不惜重金成事。清初户科给事中歙人赵吉士于康熙十三年（1674）将其父母安葬于琅源台上狮高原，但数十年，赵吉士仍为未找到真穴龙脉为父母重新安葬而寝食难安，曾亲往白下（南京）寻访风水师并借奉旨伐木之机，于徽郡内广寻真穴，终于在一周姓风水师帮助下在本县内觅得一"真穴"。为免有误，他又广延"阖郡堪舆家二十余人，纷纷点穴不定"，并亲自用"称土法择土之重者用事，及开金井，土如紫粉，光润异常，登山者咸贺得地"（赵吉士：《寄园寄所寄》卷11）。经过一番艰苦努力，终于寻得"真穴"。

"风水之说，徽人尤重之"，有其复杂的因素。第一，徽州人崇尚风水之俗由来已久，有文献记载最早可以追溯到东晋时期，几乎与风水说体系创建同步。晋室南渡，中原世族大量南迁徽州，不仅带来了先进的生产技术，也带来了中原文化，包括起源于中原地区的风水思想。他们来到徽州后纷纷择吉壤良宅、风水宝地作为本族、本家的居处福地。徽州大族程姓始祖程元谭晋时迁居歙县黄墩，精心选择了"为水所汇，近及千年礌石宛然，滨水而列"的风水宝地，为后世风水师所称道。唐末，祁门贵溪村胡氏始祖胡宅见天下变乱，事不可为，因思隐遁。曾舟舣召璧滩丁村碛，见有小涧达溪口，山势回护，口紧如束，乃穿径而入，崎岖十余里，忽见原陆大开、平地广衍、奇峰分列、秀水傍流，固卜居于此。建茅舍于百垒坡，潜身耕樵，自食其力。其后，在村口两山相交之处，建一石拱桥，上建砖亭，题"寻源"二字，取"寻得桃源好避秦"之意。之后，人丁繁衍，成为祁邑之大族，历代文人辈出、科甲不断。唐末歙县呈坎始迁祖罗天真（字文昌）和罗天秩（字秋隐）二人，"同自洪都而来"歙县，定居呈坎，究其原因说法不一，但慕呈坎山水之胜是重要原因。据《前罗祖宗谱》（抄本）记载，唐季社会动乱，罗天真"慕黄山灵胜，避地来游"，见呈坎"山水秀丽，回驻不舍"，谓天秩曰："时逢变幻，稽验星文……与其售艺求荣，不若藏拙之为幸也。歙之呈坎，有田可耕，有水可渔，脉祖黄山，五星朝拱，可开百世不迁之族，吾弟盍同往焉！"兄弟二人遂迁居呈坎。后罗《溪西罗氏族谱·始迁祖秋隐公自叙》则记载说：罗天秩与族人不和，离宗出走，"浮彭蠡，渡扬子，帆转泾渭，走齐、鲁、燕、赵……历吴越之区……又溯浙游而上，见山形交错，水色澄清，人情庞实，伦理端严，旬日至歙治之郊，得口口观，询诸故老云：'西乡胜于他地。'尾导者口至呈坎，但见口口陟降，山水漾洄，如人葫芦，颠而不知其腹，由小而大，大而宽，宽而旷，旷而平，四顾群峰峭拔，列境如壁'"①，遂定居呈坎。

第二，程朱理学的倡导。程朱理学与风水说很有一些亲和关系。被朱熹推为理学开山的周敦颐援佛、道入儒，以"太极图"为框架，论述了儒家一系列重要范畴。周敦颐"太极图"说、朱熹的《太极图解》都曾对风水理论有着重要影响。在此以前，风水理论以"五行之气说"为核心，后人则为阴阳之气及八卦说，显然与理学影响有着密切关系。理学注重礼义，尤重丧礼。出于礼制目的而倡导的丧礼，客观上促进了风水的盛行和发展。程颐提出了与风水理论如出一辙的理论："地之美者，则其神灵安，其子孙盛。若培壅其根而枝叶茂，理固然矣。地之恶者则反是。然则曷谓地之美者？土色之光润，草木之茂盛，乃其验也。父祖子孙同气，彼安则此安，彼危则此危，亦其理也。"（《二程集·河南程氏文集卷第十·葬说》）他在《葬说》中提出的"葬法五患"，即"须使异日不为道路，不为城郭，不为沟池，不为贵势所夺，不为耕犁所及"，更为后世风水术士所遵奉，并由此派生出各种葬法准则。朱熹进一步提出为了使坟地"安固久远""使其形体全而神灵得安"，如择之不精，"地之不吉"，则"子孙亦有死亡灭绝之忧，甚可畏也"，即所谓"风水夺神功，回天命，致力于人力之所不及"（赵吉士：《寄园寄所寄》卷7《獭祭语·人语》）。朱熹宣扬风水说的同时，自身也非常注重风水环境。他曾在《怀潭溪旧居》诗中说："忆往潭溪四十年，好峰无数列窗前，虽非水抱山环地，却是冬温夏冷天……"朱熹与夫人刘氏合葬于建阳九顿峰下的龙归后塘，相传是朱子

徽

州

129

_____

① 赵华富. 首届国际徽学学术讨论会文集［M］. 合肥：黄山书社，1996.

生前与蔡元定所卜。蔡元定为朱子门徒、朋友，精于风水，著有《发微论》等书。《委巷丛谈》中说："朱文公得友人蔡元定而后大明天地之数，精诣钟律之学，又纬之以阴阳风水之书，及信用蔡说。"徽州为"程朱阙里"，视朱子为圣人，程朱理学有关风水的理论是徽州人难以逾越的律条，在理学大师的倡导下，徽州人更重视风水。宋人罗愿在《新安志》中有关于徽州风水习俗的记载，说明宋代徽州已经普遍盛行崇尚风水的习俗。

第三，徽商的推波助澜。徽商大贾富积百万，衣锦还乡之际，往往不惜巨资寻求"风水"佳地。在徽州，每亩百金以上的高价土地大多是"风水"较好的宅基地和葬地。正如《休宁县志·风俗》所言："乡田有百金之亩，廛地有十金之步，皆以为基，非黍地也。"另外，民间也流传："有屋基风水，税不上亩，而价值千亩者"（叶茂桔：《休宁县赋役官解议条全书》）。徽州历史文献有不少有关这方面情况的记载。徽商汪宗姬"家巨万，与人争数尺地，捐万金"。歙县棠樾鲍氏宗族经营盐业暴富，认为是祖坟风水吉祥遗泽后世的结果，因此当其祖坟右侧尚可"附葬一穴"，便由鲍氏宗族公议"族内愿附葬者输费银一千两"，此穴于清嘉庆八年（1803）"照议扦葬"（鲍琮：《棠樾鲍氏宣忠堂支谱》卷17《纪事》）。

第四，徽州刻书的传播。徽州书籍刊刻业的繁荣，潜心于风水说的人士日益增多，推动了风水说在徽州的传播。徽州自宋代起已是印刷中心之一。明中期徽商兴起，更是直接推动了徽州刻书业的发展。明人谢肇淛评曰："宋时刻本以杭州为上，蜀本次之，福建最下。今杭州不足称焉，金陵、新安、吴兴三地，奇劂之精者，不下宋版。楚蜀之刻，皆寻常耳。"（谢肇淛：《五杂俎》卷4）刻书业的兴起，使得一大批风水书籍得以刊印、传播，助长了徽州人崇尚风水的习俗。

除风水书籍外，罗盘是风水师必备的工具。罗盘发明于晚唐，很早就被用于风水，明清时期已成为风水师的基本工具。他们认为罗盘有包罗万象、经纬天地之义，尊称之为"罗经"。罗盘用以乘气、立向、消砂、纳水，用以"测山川生成之纯驳，以辨其地之贵贱大小"，还用来推测吉凶之时，所以清叶泰《罗经解》称"凡天星、卦象、五行、六甲也，所称渊微浩大之理，莫不毕具其中也"。罗盘制式很多，按罗盘制作的材料分有铜盘、漆盘；按磁针构造可分为水铖盘和旱铖盘，或称水罗、旱罗；按制造地分有徽盘（安徽徽州）和闽盘（福建漳州），闽盘是沿海型的代表，徽盘是内地型的代表。王振铎1947年在安徽休宁考察时得到道光年间生产的风水罗盘，盘面直径40cm，刻有40个圈层的文字，每个圈层都有具体的内容，内容十分广泛，天、地、人、气、数、理，无所不包。产于休宁万安的风水罗盘如此精致，在全国如此有名，也从一个侧面说明徽州对风水的推崇程度。

第五，"徽州介万山之中"（康熙《休宁县志》卷7《汪伟奏疏》），大好山水客观上为风水之说的传扬提供了有利的地理条件。潘谷西认为："江南多山多水，地形变化丰富，为风水的表演和发展提供了大好舞台，使这里的风水理论和实践显得特别丰沛。"① 古时徽州六邑"东涉浙江""西通彭蠡""南界马金白际之高，北倚黄山章岭之秀"，山清水秀。唐代大诗人李白、明代地理学家徐霞客等名家留下了许多赞美徽州山水的佳作。徽州得天独厚的大好山水，为风水说的理论和实践提供了不可多得的用武之地，被风水师看作是乐土，更被生于斯、长于斯的徽州人看作是人生最好的归宿地。徽州曾流传过这样的两句民谣：一是"生要生在苏州，死要死在徽州"；二是"生在扬州，玩在杭州，死在徽州"。另外，徽州盛产杉、漆、石。优质的杉木、油漆可以做出精工"不朽"的棺椁，使死者"形体全"，而"神灵安"。优质的石料建造的坟墓，牢固、庄重、美观。

聚落选址实质上就是对自然生存环境的取舍，直接关系到人们的生活生产条件。特别是在农耕社会，人们对自然环境、自然条件有着强烈的依赖，优良的人居环境可以为宗族的生存提供坚实的基础，为宗族昌盛、人文发达提供可能。相地选址一直是风水说的主题和首要使命，聚落选址与风水说的主题和使命正好相吻合。在"风水之说徽人尤重之"的古代徽州更是如此，以至于几乎任何一族的宗谱里都记载有"卜居"和"村基阳图"。在风水说指导下选择的村落环境，即使以今天的眼光来看，许多仍不失为佳境。

第三节　村落整体风水意象

一、阳宅风水

婺源上晓起、下晓起和上坦三个自然村的地理环境近似，村落选址首先考虑的是背后有可依的"龙脉"，面前有环抱的水流，而朝向次之。依据的是"背山、环水、面屏"的象形风水原理。此外，村民还将村形附会成某种具象的东西，并赋予风水上的意义。

---

① 何晓昕. 风水探源［M］. 南京：东南大学出版社，1990.

祠堂是一村中首要建筑，也是最注重选址，关注风水之处。晓起的祠堂都位于村子一端，如上晓起祠堂位于村西被称为"七星赶月"的风水地上，"七星"指的是西北方向连绵的七个山头，"月"则指山所围的月形稻田。下晓起祠堂位于村东，祠堂前平坦的广场和水口连成一体。上坦祠堂也建在村头水口旁。除祠堂外，村落中的亭、庙等也是和风水密切相关的公共建筑。

由于朝向不吉，门向扭动，便出现"斜门"、假门。宅门的朝向具有一定灵活性，并有从众取向。如上晓起村西的宅门多向西开，迎接来水，意为"纳财"，而村东的宅门多向东开，朝向"纱帽山"，趋吉。不同的说法使全村宅门都向着村中心，村落显得比较向心聚敛。

宅门对景十分重要，徽州村落居住密度较高，房屋都挤在一起，难免会遇到风水相冲的时候，如开门见到屋角、山墙等，这些会被认为带来晦气。常见的处理有在正门上方挂镜子（意照妖）、写吞字（意避百邪），或在门外作屏墙、院内植树来抵挡。有的宅门所对稻田，较为空旷，也作屏墙以聚视线。屏墙上多作福或禄、寿字的纹样。宅门开设还要避路口、桥头等，巷口被认为邪气容易侵入，应以石敢当镇之。下晓起有一块大而完整的石敢当，清晰刻着"泰山石敢当"，同时与巷口不能相对。

这里村民建房都很讲究风水，营建前须请风水先生。宅要合宅主生辰八字，若有相冲，就要作些偏转。宅中厨房的灶口要与居家主婆的八字相合。选地时首先考虑背山面水，对面作屏的山不能太近，山峰不能过于突兀，否则被认为多凶险。对面山的来势若从左来，称"青龙砂"，从右来则称"白虎砂"，白虎砂不吉。在上坦有这样一件旧事：若干年前两财主相争，一财主在对岸的白虎砂侧建了虎头形的房子，意在掐住对方的气，另一财主则针锋相对地在白虎头房子对面建了狮头虎笼形的新屋来克它。如今昔人已去，但这两处房子还留在当地为村民们津津乐道。

二、阴宅风水

当地旧俗阴宅选址似乎比阳宅更重要，它不仅关系到本人，更影响到整个家族的后代。行家言：葬宁迟无亟，有经年停柩于庭者。集中墓葬区是被普遍认为风水较好的地方，如上晓起墓地多分布在"七星赶月"和象鼻山上。远的在箬坦，江人镜从扬州归葬时，请风水先生看地六年，据说墓地呈蝴蝶肚子形。坟前立一石碑，碑前有祭祀时放供品的场地，碑后多植竹。下晓起，坟多集中于村子后依的山腰上，背山面水，很少有坟放在对岸的山上。传说下晓起的大风水在江湾镇，是汪姓祖先越国公之墓，新中国成立前下晓起汪姓人年年去那儿拜祖先；下晓起小风水在中村杵，现在多择近处阳光足、土干的地方料理。上坦的墓集中于村西的金字山，碑的朝阳要根据死者生辰八字，所谓"魂合山头"。至于阴宅选址影响到后人的例子，据村民讲述，上坦孙氏六世祖孙天禄的坟选在一个蛇形山上的蛇头处，蛇盘绕蜿蜒直至河中，因蛇为小龙，使得孙家子孙日益增多，家道兴旺。而另一孙姓财主选坟于下有深渠的一陡坡上，被风水看作绝地，其家族从此香火不足，这些都是当地旧传统观念的附会而已。

三、室外风水

徽州大到设州治县，小至营宅造园，无处不留下风水活动的痕迹。徽州传统乡村聚落在规划选址、建筑设计和营造过程等方面，都受到风水理论的影响，徽州大多数方志和族谱对此均有记载。

徽州处于群山环抱，众水汇聚之地。村落规划选址，受到自然环境的影响和地理条件的限制，遵从"阳宅须教择地形，背山面水称人心；山有来龙昂秀发，水须围抱作环形；明堂宽大斯为福，水口收藏积万金；关煞二方无障碍，光明正大旺门庭"①。注重观察山的气势、水的流向，明堂宽敞平整。徽州人选择山水汇聚、藏风得水的地方，因此村落选址大多数是依山傍水、背山面水、负阴抱阳，随坡就势，因地制宜。如歙县江村的江氏始祖"游天目经黟山，见泉源四流，山峰环卫，永无水患，遂卜居焉"②。歙县西溪南村吴氏始祖，在定居之前，有三处村址可供选择："一曰莘墟，地刚而隘，山峭而偏，居之者，主贵而不利于始迁；一曰横渠，地广衍而水抱，居之者，主富而或来藩于后乱；一曰丰溪之南（现西溪南），土宽而正，地沃而肥，水辑而回，后世大昌也，遂家焉"③。于是选择丰溪之南，世代定居繁衍下来。又如徽州尚书方氏家族始祖"慕山水之胜而卜居焉"④。《黟北湾里裴氏宗谱》记载，"鹤山之阳黟北之胜也……惟裴氏相其宜，度其原，卜筑于是，以为发祥之基"⑤。

但事实上由于受具体地理环境的制约，一块住宅的宅基地是不可能青

133

　　① ［清］姚廷銮辑．阳宅集成．卷1．基形法．丹经口诀．见：阴阳二宅全书．清乾隆十七年刊本．

　　② ［清］江允升、江昉修纂．歙北江村济阳江氏宗谱．卷1．清乾隆四十一年刻本．

　　③ ［明］吴元满修．歙西溪南吴氏世谱．卷1．明万历二十三年抄本．

　　④ 何晓昕．风水探源［M］．南京：东南大学出版社，1990．

　　⑤ 何晓昕．风水探源［M］．南京：东南大学出版社，1990．

龙、白虎、朱雀和玄武四兽俱全的。当选址最基本的要素具备以后，其他一些不理想因素则可以通过避让、改造和符镇等方式予以禳除。如门的朝向若正好冲煞，则可以通过转移门的方位、形状，或在门楣上方悬挂刀叉、银镜等方式来予以避让、妥协或对抗。在徽州一些村落中，我们经常可以在某一墙角边或墙壁下，发现写有"泰山石敢当"或"姜太公在此"的石刻。这实际上就是住宅风水冲煞后，徽州人所采取的一种对抗性的厌镇方式。我们还看到，在徽州，许多士家大族对宗族祠堂和民居的风水都采取了立族规以保护之的办法。如祁门县善和乡聚居的程氏宗族就从正反两个方面极言风水的灵验，于是在《善和乡志》中反复告诫乡民："重立议约，申明前言，俾各家爱护四周山水，培植竹木以为庇荫……凡居是乡者，当自思省悟前人之规，悟已往之失，载瞻载顾，勿减勿伐，保全风水，以为千百世之悠久之业，不可违约。"对故意破坏风水，"违约者并力讼于官而重罚之"（光绪《善和乡志》卷2《风水说》）。

布局中的习俗与禁忌。在徽州住宅的整体布局中，山水俱全是最为理想的。而住宅的最大忌讳则有以下几点："凡宅不居当冲口处，不居寺庙，不近祠社、窑冶、官衙，不居草木不生处，不居故军营战地，不居正当水流处，不居大城门口处，不居对狱门处，不居百川口处。"（《阳宅十书》卷1《论宅外形第一》）在住宅整体布局确定后，住宅的朝向就成为至关重要的一环了。"凡造屋，必先看方向之利与不利，择吉既定，然后运土平基。基既平，当酌量该造屋几间，堂几进，衔几条，廊庑几处，然后定石脚，以夯石深，石脚平为主。"（［清］钱泳：《履园丛话》卷8《艺能·营造》）阳宅讲究纳生气，作为测量房屋方位朝向的主要工具，休宁万安生产的罗盘被广泛使用于徽州各地。方位分二十四向，罗盘以二十四山为代表，风水先生正是以此来观察和确定各地理方位的吉凶与生克，从而确定房屋最终朝向的。

符镇。"风水"这一门古老的学问，对整个中华民族都有着相当深远的影响。符镇是风水中避凶的主要方法之一，"若宅兆即凶，又岁月难待，惟符镇一法可保平安"（《阳宅十书》：论符镇）。风水术中的符镇，对徽州建筑的形态也有局部影响。徽州建筑中常见的符镇有门神、泰山石敢当、太极图等。风水中有"凡道路冲宅，用大石一块，书'泰山石敢当'，吉"（《阳宅十书》：论宅外形）之说，因此房主在门侧置一"泰山石敢当"石镇之。如果大门正向不吉，或冲路、冲屋角，或面对之山谷"煞气"重，都会设照壁遮挡拦截，有的其上还镶雕有"八卦图案"或"福"字等纹样，这也是一种符镇。也有其他的方法化解这类风水上所谓的"不利"因素。例如，歙县渔梁的一幢民居面向紫阳山，坐北朝南，一条河流流经门前。受地基限制，宅子的大门正对紫阳山上的一块怪石，风水师视之为不吉利。于是，住宅的主人将大门方向进行偏斜，同时，还在门前设置了一块"石敢当"，用来避邪。

变通。门作为一宅的"气口"，常会影响住宅的整体布局；门在风水中有着相当重要的地位，《八宅周书》中古人总结了宅向与门位的关系。为迎吉气，宏村民居入口大门很多都位于宅之西南。宅院的门除了位于宅的吉位之外，还要迎吉避凶。"迎吉"表现在：古人认为山川、河流是吉祥的象征，因此住宅的大门常常是朝向山峰、远处的山口或者迎水而立。另外，"水"在风水说中代表"财"，开门向迎水的方向是聚财的象征。"避凶"表现在：门不对瓦头、墙角、烟囱、坟墓、近处的山口等，与这些物象相对，都是"犯冲"，遇到这种情况，比较常见的方法是砌照壁，或以高耸的院墙代替；门不对巷口，俗话说"家门冲巷，人丁不旺""门前不宜见街口（与宅前不宜有大水直冲同）"。门向"迎吉避凶"的风水观念体现在住宅门前构筑物上，主要可分为两类：一是"八字形"入口空间，一是在入口前加照壁。

确定好住宅布局中基本的坐向后，最重要的就是门的朝向问题，所谓"宁为人立千坟，不为人安一门"，即是说门的选择是十分困难的。毕竟门是整幢住宅建筑的气口所在。因而，在徽州民居中，门的朝向可谓是千姿百态。但不管怎样，正门一般都开在宅前，或位于中轴线或偏于左侧。但受宅基所在地形和地势的限制，徽州民居中又有不少门的朝向无法向吉。于是，便出现了趋吉避凶的各种假门、斜门以及大量设而不开的样门。如黟县西递胡氏宗祠后壁一门即是设而不开的样门，"西房闲壁置楼梯，其后壁一门，盖行家宣泄之法，然亦虽设常关也"（《明经胡氏支谱·续序跋》）。《新安徐氏统宗祠录》也对假门予以说明，云："祸绝之方，开门不利，虽造假门，永不宜开。"正如我们在前面所讲的那样，徽州门的朝向还与房屋主人的职业有关，所谓"商家门不宜南向，南向主火"，就是众多徽商在建造房屋时对门的朝向之最基本要求。明乎此，我们才能更全面地解读徽州文化特别是民俗文化的丰富内涵。

在徽州民居的布局结构中，除主屋外，还有一些附属性建筑如"三要"（即门、主房和灶）和"六事"（即门、路、灶、井、坑、厕）等。这些附属性建筑也特别有讲究。由于其具体内容相当烦琐，故略举数例以说明之："凡人家起屋，屋后莫起小屋，谓之'停丧'，损人口。若人住此小屋，尤不吉。""凡宅起披孝屋，即后接连盖是也，主横死人丁、退田

徽

州

135

产。凡人家盖屋，后不许起仓库，谓之'龙顿宅'，主家财不兴。凡人住屋拆去半边，及中间拆去者，谓之'破家杀'，主人不旺。""凡宅天井中不可积屋水，主患疫疠；不可堆乱石，主患眼疾。凡宅侧屋，不可冲大门，触秽门庭，主灾殃。"（《阳宅十书》卷3《论放水第七》）如此等等，诸如此类禁忌实在不胜枚举。实际上，徽派民居建筑中之"四水归堂"，一方面是徽州人聚财不散观念的外在表现，另一方面确实也有规避堪舆风水理论中"天井中不可积水"的理念。

四、室内风水

徽州民居理想的宅址选择，也体现了对自然之"气"的考虑，"夫宅者，乃阴阳之枢纽，人伦之规模"[1]，融合了对阴阳五行和方位关系的理解，"宅，择也，择吉处而营之也"[2]，选择富于生气的山水格局，亦遵从风水理论中形势派主张的"凡宅左有流水，谓之青龙；右有长道，谓之白虎；前有淤池，谓之朱雀；后有丘陵，谓之玄武，为最贵地"[3]。对于宅周环境，要求"居处须有宽平势，明堂须当容万马……或从山居或平原，前后有水环抱贵，左右有路亦如然"[4]。宅基地要求地势平坦宽敞，门前有开阔平地，宅周有山环水抱，广植林木，"凡宅树木皆欲向宅，吉；背宅，凶"[5]，以及"凡宅滋润光泽。阳全者，吉；干燥无润者，凶"[6]。这些都说明人们对宅居的吉凶观也能反映出宅居的采光、通风、湿度和植被等自然因素优良与否，由此可见人们对宅居地的选择标准。如黟北湾里裴氏宅居地，"面亭子而朝印山，美景胜致，目不给赏，前有溪清波环其室，后有树葱茏荫其居，悠然而虚，渊然而静"[7]。又如徽州尚书方氏宅居地，处于"阡陌纵横，山川灵秀，前有山峰耸然而特立，后有幽谷窈然而深藏，

---

① 四库全书．子部．术数类．第808册．清乾隆三十年刻本．

② 古今图书集成考工典 [M]．北京：中华书局，1985.

③ 古今图书集成．博物汇编．艺术典．第六七一卷．堪典部汇考二十一 [M]．北京：中华书局，1985.

④ 古今图书集成．博物汇编．艺术典．第六七一卷．堪典部汇考二十一 [M]．北京：中华书局，1985.

⑤ 古今图书集成．博物汇编．艺术典．第六七一卷．堪典部汇考二十一 [M]．北京：中华书局，1985.

⑥ 古今图书集成．博物汇编．艺术典．第六七一卷．堪典部汇考二十一 [M]．北京：中华书局，1985.

⑦ 何晓昕．风水探源 [M]．南京：东南大学出版社，1990.

左右河水回环，绿林荫翳"①。这种理想的宅居地模式，既有景观优美的自然环境和良好的采光、通风和朝向等区域小环境，又能满足人们美好的心理愿望。但是，这样理想的形局，对于徽州村落中每个民宅，很难都获得满足，所以普通民居往往通过宅前开挖池塘，来代替流水以聚财；宅后种植林木，来代替山脉以围护，从而获得心理上的补偿。

徽州乡土建筑平面设计遵从"凡阳宅须地基方正，间架整齐，入眼好看方吉。如太高、太阔、太卑小，或东扯西曳、东盈西缩，定损人财"②，故建筑平面方正整齐。立面设计上采用粉墙黛瓦、坡屋面与马头墙、砖雕门楼等。山墙底层较少开窗，主要由于防盗的需要，同时又迎合了徽商"暗屋生财"的心理。室内设计上，讲究"厢房不高过正堂，又不太长，相称则吉；厅堂两厢排列整齐，无高低缺陷之处，自然而发富贵"③，既满足了厅堂的采光需要，又体现了建筑内部高低、尊卑、内外等处细微的等级差别。此外，室内砖雕、木雕和石雕题材中，"暗八仙"和鸟兽虫鱼等图案，都有一定的象征意义。

在徽州民间风水活动中，堪舆师多遵从形势派学说，而理气派学说是建立在方位理气；兼有五行生克、阴阳八卦等理论基础上，借助"气、理与数"相结合的风水罗盘，使用五行相宅、九星相宅和游年变爻等方法，由于其原理和方法烦琐复杂、抽象玄妙，故远不及形势派学说，较易接受和流行。休宁县盛产罗盘，无疑推动了此学说在民间的传播，较多用在确定村落和民宅的朝向等方面。

徽州多以三合院为基本建筑单元，组合成不同类型的住宅群体，基本单元一进一进地向纵深方向发展，形成二进堂、三进堂、四进堂，甚至五进堂。后进高于前进，一堂高于一堂地向后增高，既反映了主人"步步升高"的精神追求，又有利于形成穿堂风，加速室内空气的流通。

与"五岳朝天"并称的"四水归堂"，也是徽派建筑的主要特征之一。徽州老房子多是以天井为中心的内向封闭式组合——四面高墙围护，唯以狭长的天井采光、通风及与外界沟通。外墙很少开窗，尤其是下层有时完全没有。即使开窗，也不过是以四五十厘米的小窗数处稍事点缀。因此，老房子总给人一种幽暗凄迷的感觉。据当地人说，这样做除了防盗以外，

---

① 何晓昕.风水探源［M］.南京：东南大学出版社，1990.

② 古今图书集成.博物汇编.艺术典.第六七一卷.堪舆部汇考二十一［M］.北京：中华书局，1985.

③ 阴阳二宅全书.清乾隆十七年善成堂藏版.

还有对暗室生财的迷信。前者显然与大批徽州男子的外出经商有关，后者则源于古老的风水观念。

就单体民居而言，地狭人稠的乡土背景，使得老房子多楼上架楼，普通均为二层或三层楼房，以二层居多，二层楼房有不少下层矮而上层高。一般认为，这是干栏式建筑的遗存，目的是防止居人与上升的地气直接接触，另外也为了预防洪水的骤然而至。

徽州民居院内多设置天井，天井将四周屋面的雨水汇聚一处，顺视而下，流入石砌水池。它被赋予"天井，乃一宅之要，财禄攸关"① 的含义，满足了徽商"四水归堂，财源滚滚而来"的聚财心理。凡宅天井不可积屋水，不患疫疾，并且"水为气之母，逆则聚而不散；水又属财，曲则留而不去也"②。对于排水路径亦很讲究，宜暗藏，不宜显露；宜屈曲而出，不宜直泄而出。如歙县呈坎汪宅设有陶制暗水枧，即将排水管暗敷于砖墙和板壁间，既美观又节省空间。

徽州民居室内陈设也依据理气说的要求，对床的安放，按照"凡安床当在生方，不可稍偏，如巽门坎宅"，以及"安床之法以房门为主，坐煞向生"③，即对于坐北朝南的坎宅，东南方〔巽位〕是生气方。卧室宜设在东南方位的房间，床应摆放在坐煞的方位。对于灶与厕的位置，应按"灶座宜坐煞方"④，其门宜向"坐山及宅主本命之生、天、延三吉方"，以及"厕宜压本命之凶方，镇住凶神反生福"⑤。徽州居民中厨与厕一般在设置时，既注重方位，又同时考虑其卫生和防火要求。其中"大门者，合宅之外大门也。宜开本宅之上吉方"⑥。对于坐北朝南的民宅，开门一般朝东南向，当开门方位不吉时，就设置影壁或"泰山石敢当"等一类作为挡煞，或稍微避开不吉方位。如歙县渔梁镇民宅均朝向紫阳山之龙脉，凡居室门朝向有偏差时，以斜门、假门等予以校正。

---

① 增补四库未收术数类古籍大全．第六集．堪典集成．第十九册〔M〕．扬州：江苏广陵古籍刻印社，1997.

② 〔清〕高见南撰．相宅经纂．卷3.放水定法．清道光二十九年刻本．

③ 增补四库未收术数类古籍大全．第六集．堪典集成．第十九册〔M〕．扬州：江苏广陵古籍刻印社，1997.

④ 增补四库未收术数类古籍大全．第六集．堪典集成．第十九册〔M〕．扬州：江苏广陵古籍刻印社，1997.

⑤ 增补四库未收术数类古籍大全．第六集．堪典集成．第十九册〔M〕．扬州：江苏广陵古籍刻印社，1997.

⑥ 〔清〕高见南撰．相宅经纂．卷1.宅有三要．清道光二十九年刻本．

第四节　徽州建筑风水实务

一、理想的村落选址模式

理想村址，简言之就是：村后有靠山、村前有流水、形局完整的地理单元。有人将其概括为"枕山、环水、面屏"①，即前有朝山和案山，后倚来龙山，水口处有两山夹峙把守，夹峙两山多"喝形"为狮山、象山或龟山、蛇山等，河流或溪水从村基前流过，似金带环抱。这种理想的人居环境在许多地方难以寻觅，而山川秀美的徽州却提供了较多的选择。许多村落的起源都是根据风水说卜居的结果，所谓"自古贤人之迁，必相其阴阳向背，察其山川形势"（乾隆《汪氏义门世谱·东岸家谱序》）。"枕山、环水、面屏"成为徽州村落的基本格局，徽州村落环境也由此呈现出同构的模式。这方面的事例俯拾皆是。

歙县西溪南吴氏始迁祖光公在定居西溪南以前，有三处村址可供选择："一曰莘墟，地刚而隘，山峭而偏，居之者，主贵不利于始迁；一曰横渠，地广衍而水抱，居之者，主富而或来藩于后乱；一曰丰溪之南，土宽而正，地沃而肥，水辑而回，后世大昌也，遂家焉。"（《歙县西溪南吴氏世谱》）经过比较，吴氏始迁祖择居丰溪之南。可见，吴氏始迁祖精通风水，"光公精堪舆学，因懿宗咸通元年，浙东贼裘甫攻陷宁波，西南陆路可通休邑，及避地歙西，相于溪南"（《歙县西溪南吴氏世谱》）。

徽州《尚书方氏宗谱》记载，方氏荷村派始迁祖见此"阡陌纵横，山川灵秀，前有山峰耸然而特立，后有幽谷窈然而深藏，左右河水回环，绿林荫翳"，于是"慕山水之胜而卜居焉"②。

黟县湾里裴氏亦自谓其地是"鹤山之阳黟北之胜地也，面亭子而朝印山，美景胜致，目不给赏，前有溪清波环其室，后有树葱茏荫其居，悠然而虚，渊然而静……惟裴氏相其宜，度其原，卜筑于是，以为发祥之基"③。

经过"择地""卜居"的徽州村落大多具有优美的自然环境。如歙县项氏宗族聚居地桂溪，"西南诸山，林壑深茂；前后文笔峰，层峦拥翠，

---

①　何晓昕. 风水探源［M］. 南京：东南大学出版社，1990.

②　何晓昕. 风水探源［M］. 南京：东南大学出版社，1990.

③　何晓昕. 风水探源［M］. 南京：东南大学出版社，1990.

溪流环绕"(《桂溪项氏族谱》卷1《旧谱序跋》)。洪氏宗族聚居地金山，"山磅礴而深秀，水澄澈而潆洄，土田沃衍，风俗敦朴"(《金山洪氏宗族》卷首)。位于绩溪东北隅、距县城43km的磡头村，南临笔架尖风景区，地处海拔1109m的门前岩脚下的幽谷之中。地有三屏：阳和屏、寿山屏、亭文山屏；五墩：狮子墩、八卦亭墩、东山营墩、文笔墩、塔岭墩。发源于海拔1337m的荆磡岭的云川溪（俗称磡头河）蜿蜒曲折奔腾而来，由南向北呈"S"形穿村而过，流水潺潺，终年不断。另有坑来水流经东半村注入云川溪。云川溪曲曲弯弯，宽7~8m，溪中有许多人工迭水、深潭，流水富有节奏和诗韵。风光秀丽的村落沉浸于流水声中，令人心旷神怡。这座始建于明洪武二年（1369）的村落因其始迁祖卜居而建，《磡头许氏谱》记载始迁祖秦来公"喜涧州云山拱秀，山水潆澜，八景四环，三屏分列，大明洪武二年由云山大桥头迁而居之"。

风水说认为村落选址直接关系到人的吉凶祸福及子孙后代的兴旺和衰落，这有夸大其词之嫌，但人与环境之间相互影响和相互作用的辩证关系确乎是不争的事实。优良的人居环境有助于人文昌盛，正所谓"物华天宝，人杰地灵"。据祁门《王源谢氏孟宗谱》记载："谢姓望于祁，王源为最著。"[1] "洁邑东南，有地曰源，谢氏世居之。其山之峻嶒耸拔，若莲花，若芙蓉，而为四境之所具瞻，所谓峻极于天者是已；其水之仰喷直泻如拖练，如漱玉，而为士女之所濯湘，所谓泌之洋洋者是已。谢之人生其间，钟灵毓秀，或天质之高迈，或才识之超卓，发而为文词，著而为功业。有父子科魁而名登天府者，有伯仲联芳而事垂竹帛者。衣冠济楚，簪组蝉联，宪台声价之相高，藩臬事功之并显，有非寻常所能班也。"[2] 据《托山程氏宗谱》记载："（托山）山谷环聚，田土膏腴。八垄森列如拱，源头活水如带。远眺则黄山、松萝、金竺、天马，近府则南塘北野，驼石印墩，咸若有天造地设于其间。又其后有三台山之秀，巨石仙踪之奇，屏列拥护，若负扆然……是可为子孙永不拔之基矣。昔太王迁岐，姬周始王，今卜居此，吾后其昌乎？"(《托山程氏宗谱》卷1《嘉厚公传》)歙南瞻淇村的选址、营造同样依照了风水说的基本模式。瞻淇村西北方向的李王岭是其祖山，分出两支脉，向左为来龙山、和尚坦，向右为毛坞降、春坞降，

---

① 周绍泉，赵华富．'95 国际徽学学术讨论会论文集［M］．合肥：安徽大学出版社，1997.

② 周绍泉，赵华富．'95 国际徽学学术讨论会论文集［M］．合肥：安徽大学出版社，1997.

两侧延伸将整个村落环抱中央。村落北依的来龙山，蜿蜒起伏如行而来；南对的远山秀峰巅，郁郁葱葱宛如屏风。它们构成风水中理想的龙脉和朝山。南面大坑之水绕村而过，为村民提供汲水之便。徽州的河水一般由西往东流，但瞻淇大坑之水自东往西流，风水师认为大异，称之为吉地。明清两朝瞻淇文风昌盛、名人辈出，是当时徽州较大的村落。①

　　水势西流，视为吉地者，古时徽州不仅有瞻淇，还有黟县西递等。西递地处黟县盆地的东北角，峰峦环抱，《新安名族志》称其"罗峰高其前，阳尖障其后，石狮盘其北，天马霭其南，中有二水环绕，不之东而之西"。西递的山高而不峻，险而不危，高低相间。溪水源头松树山和天马山森林茂盛。溪水长流，或绕村而流，或穿村走户，为生产生活提供了极大的方便。据《西递明经胡氏壬派宗谱》记载，宋时西递始迁祖胡士良因公赴金陵，途经西递铺，"见其山多拱秀，水势西流，遂陪地师前往。见东阜前蹲，罗峰遥拱，有天马涌泉之胜，犀牛望月之奇，产青石而如金，对霭峰之似笔，风燥水聚，土原泉甘，遂自婺源迁来此间"（道光《西递明经胡氏壬派宗谱》）。西递的先人凭借其聪明智慧，为后人选择了良好的生存发展环境。自北宋年间奠基到清末，数百年间西递人励精图治，名人辈出。明清时期，出儒商巨贾两百多人，胡贯三等为其代表。入仕者多达 350 多人，胡文光、胡元熙等最为著名。在这里，胡氏宗族"孝悌力田，育子贻孙者，三十有余世；诗书学右，安居乐业者，七百五十年。序伏腊之定筋，守高曾之规矩。流长源远，本大叶繁"（道光《黟县西递胡氏宗谱》）。"自入桃源来，墟落此第一"的西递自古负有盛名，当今，更是成为全人类的共同遗产。

　　被朱熹推崇为"江南第一村"的歙县呈坎始迁祖认为，"歙之呈坎，有田可耕，有水可渔，脉祖黄山，五星朝拱，可升百世不迁之族"［《前罗祖宗谱》（抄本）］。自唐末开疆至今，罗氏已传三十多世，呈坎仍为罗姓聚居地，数十世不迁已成事实，这与呈坎罗氏先人明智地"择地"不无关系。呈坎位于潨川盆地西北隅，四面皆山。东有灵金山；南有龙盘山、下结山，下结山后是丰山山脉，山腰有水埠坑村；西有葛山、鲤鱼山；北有龙山、长吞山。潨川河自龙山与长春山之间流入潨川盆地，由北向西，至龙盘山嘴，复又向南，流经水埠口村、杨干村注入丰乐河，在呈村周围地

141

<hr>

①　东南大学建筑系，歙县文物管理所. 徽州古建筑丛书——瞻淇［M］. 南京：东南大学出版社，1996.

区还有数条小河汇入潨川河。在这里，"枕山、环水、面屏"的模式再次得以验证：村落依葛山、龙山，傍潨川河，面灵金山、下结山而建，背靠大山，地势高爽，负阴抱阳，山环水绕，宛如太师椅状，整个环境构成"左青龙、右白虎，前朱雀、后玄武"的态势，呈坎村恰好处于"藏风聚气"的穴位。冬季寒冷的西北风被背山所挡；夏季东南风顺河吹来，凉爽湿润，形成优越的小气候。四周山地环绕的潨川盆地，地势开阔，面积较大，为农耕生产提供了较丰足的土地资源，呈坎村旧有良田2000余亩，这对于"处于万山中，绝无农桑利"的徽州而言无疑十分难得。而且呈坎地处山间盆地，无霜期长，山林护卫，很少发生自然灾害，古时亩产即达400斤。村民安居乐业，读书耕田，进而罗氏宗族得以兴旺发达、科甲不断、英才辈出、人文荟萃。早在宋代，呈坎村就曾被中国两位历史名人苏轼、朱熹大加赞誉。时至今日，呈坎古村仍为世人所赞叹。郑孝燮在《田园古村呈坎》诗中赞曰："山环水抱少兵燹，四百年间白屋群。乌顶玉衣成素裹，长街窄巷无繁尘。横桥夹岸忆环秀，崇阁归根缮宝纶。骤雨狂飙昨日梦，田园交响夺形神。"周干峙称赞呈坎为"世之瑰宝"。1996年，"世之瑰宝"的呈坎古村被安徽省人民政府批准为省级历史文化保护区，2001年被批准为国家重点文物保护单位。

在"枕山、环水、面屏"的模式中，"枕山"即"背山""靠山"，也就是风水说的龙脉，称之为来龙山，它是构成村落环境的重要因素之一，是一村之依托，村落往往坐落于来龙山的山麓地带，逐渐向外扩展。因此，徽州村落对来龙山特别注重，认为它是村落的希望所在。绩溪龙川是历史上称誉卓著的"进士村"，为胡氏聚居地。东晋时始迁祖胡炎在歙州任职，游览绩溪名胜，兴观登源龙峰景致，而吉择古称华阳荆林里的龙川定居。据龙川胡氏族谱，吉择的龙川，山清水秀，雄峰竞妍，千姿百态，祥瑞之意，动人心魄。东耸龙须山秀丽如日月，南似天马奔腾如行空，西为形同鸡冠如凤舞，北则长滨蜿蜒如飞云，是仁者、智者之乐的风水宝地。龙川山围四面，以龙须山为主脉，分龙峰和白沙大小两峰，主峰"龙须"有"龙池""龙山泉"等景观。"龙池""龙山泉"之水汇成龙川水，水绕三方，山水相依，动静刚柔。明洪武年间，族人曾于龙须山兴建"龙峰书院"。明嘉靖年间，进士出生的兵部尚书胡宗宪就曾受教于该书院。龙须山盛产龙须草，是"文房四宝"——"澄心堂"纸的主要原料。"澄心堂"纸原名"龙须纸"，因南唐后主爱之并藏其"澄心堂"而得名。龙须山、龙峰、龙池、龙山泉、龙川水，龙须草、龙须纸、龙峰书院，一派龙的气魄，在龙川更有为"龙"添色增辉的龙川胡氏宗祠。胡氏宗祠五凤楼门，门楼主梁上精雕"九狮滚球遍地锦""九龙戏珠满天星"，取龙狮吉祥、龙腾狮啸之意，体现了龙川人"龙"的豪气和"龙"脉的企望。这座始建于宋的祠堂如今已成为国宝，1988年被列为全国重点文物保护单位。山水灵气激荡人的精神与才智，弘扬一族之英才。"毓秀钟灵彩换一天星头，凝禧集祉开百代文人"，胡氏宗祠这幅原正面中柱上的楹联炫耀了龙川灿烂多姿的历史。

古时徽州人不仅努力寻求理想的人居环境，同时也非常注重对人居环境的保护。在徽州，几乎所有宗族的族规家法都有关于保护林木的规定，有的规定还很严厉。比如，《婺源㳇麓齐氏族谱》规定，"来龙为一村之命脉，不能伐山木"（《婺源㳇麓齐氏族谱》卷1《祠规》）。《明经胡氏龙井宗谱》规定，"堪舆家示人堆砌种法，皆所以保全生气也。各族阴阳二基宜共遵此法，尤必严禁损害……各家爱护四周山水，培植竹木，以为庇荫，必并讼于官罚之……载瞻载顾，勿剪勿伐，保全风水，以为千百世悠悠之业"（《善和乡志》卷2《风水说》）。又如歙县呈坎前、后罗氏宗族规定：乱砍滥伐宗族风水林木，犯者除了处以纸箔祭树，将砍伐树墩（或曰树木）烧化的惩罚以外，还要绕山一周燃放鞭炮，并请道士设醮诵经；同时，犯者还得设宴招待道士、族长和管山人员，并支付道士和管山人工资。[①]

有些村落将保护山林的规定勒碑刻石，以警后世。

二、非理想村基环境的完善

徽州山环水绕的自然条件为理想村落环境的选择提供了很好的条件。但是，大自然千姿百态，一些村基地并非都完全符合选址的标准。对非理想的村基环境，古时徽州人不是一味放弃，而是认为"以气之兴，虽由天定，亦可人为"[②]。在遵从自然的同时，他们对自然环境进行积极改造，使之趋于理想的人居环境，充分体现了唯变所适的辩证思想。非理想环境改造在风水说中被称作补基，补基有许多方法，最常见的方法是补水。水是村基环境的基本要素之一，在风水说中占有极其重要的地位。所谓"人身之血以气而行，山水之气以水而运"[③]，村落所处环境应该是"以形势为身体，以泉水为血脉，以土地为皮肉，以草木为毛发"，因而，引水补基为

143

---

① 赵华富. 首届国际徽学学术讨论会文集［M］. 合肥：黄山书社，1996.

② 何晓昕. 风水探源［M］. 南京：东南大学出版社，1990.

③ 何晓昕. 风水探源［M］. 南京：东南大学出版社，1990.

第一要义。

实际上，风水说中的引水补基就是现代人的修建水利设施，对自然水系进行改造，便于生活生产用水。早在东晋咸和二年（327），徽州就建成鲍南堨，南北朝梁大通元年（527）建成吕堨。据宋淳熙《新安志》记载，宋歙县有堨226座，水塘1207口。据新修《黟县志》载，黟县最早的引水工程是修建于南朝的柏山引水渠（横沟），它不仅为村落补水，更为黟县县城补水。南朝梁武帝中大通元年（529），太常卿胡明星辞官归里后，自勘地形，捐资募工，兴建柏山堨，开挖引水渠道，自北向南长5km，穿城而过。明嘉靖三十五年（1556），黟县知县周舜岳在城北修防洪堤时，又将横沟及柏山全面整治加固。1400多年来，柏山引水渠引漳水之水，源流不断，世代相盖，既为农田灌溉，又为城区用水提供重要的水源。又如清乾隆十九年（1754），余种德捐资修筑效上塍（别称和尚池）拦河石堨，开渠引漳水向东南，经麻田长生亭流向高岐、江家段至黄村，入龙川河，全长3700m，大大方便了村民生产、生活用水。

引水补基。引水补基是使不理想的地形符合风水理论的一种补救措施，其有引沟开圳、挖塘蓄水、开湖、筑堤坝、造桥等各种方法。相传婺源县翀麓齐氏族祖齐渊精堪舆之学，在村头引沟开圳，遂使该村科举日盛，至今该圳尚存。黟县宏村明永乐时听从休宁风水师何可达的指导，将村中一处泉扩挖成月塘，以储"内阳之水"而镇丙丁之火。万历年间，又因来水躁急，在村南开挖南湖，缓冲水势，储"中阳之水"以避邪，成为引水补基的典型。

古时徽州"引水补基"，营造理想村落环境的例子很多。徽州《翀麓齐氏族谱》记载："吾里山林水绕……而要害尤在村中之圳，相传古坑族祖渊公精堪舆之学，教吾里开此圳，而科第始盛……自圳塞而村运衰焉……故培补村基当以修圳为先务……务使沟通，永无壅滞，此我里之福也"。"修圳"改善了村落环境，促进了村落的发展。

"引水补基"最负盛名的范例当属黟县宏村。宏村位于黟县县城盆地的北端，背负雷冈于此，怀抱新安江上游末支邕溪、羊栈河于村南，符合村落选址的要求。明代以后，随着村落规模的日益扩大，在风水师的指导下，进行了数次大规模的水利设施建设。明永乐年间，在西溪建石堨，引西溪水入村，开凿万丈水圳，挖建了约1000m²的月沼。水圳入村九十弯串入月沼。明万历年间，更购田地数百亩，凿深成环状池塘，连通大小石罅约10000m²建成南湖。历经150多年，全村完整的水系得以形成。迄今400余年，这一水系基本上完整保留，为当今中外世人交口称赞。宏村水利设施的修建、完善反映了古时徽州人追求理想环境的顽强精神。

筑堨、修建水圳是古时徽州常用的改善村落水环境的措施，不仅宏村有，至今徽州其他不少村落仍可以见到，并仍在发挥效用。歙县呈坎就是既有自然溪流，又有人工水系的村落。呈坎古人巧妙地将自然溪流与人工水系相结合，创造出富有动感的村落。村静水转，自然溪水绕村南流，注入丰乐河。人工水圳有两条，一是在位于村北端罗东舒祠堂下首的潨川河上筑石坝拦水抬高水位，开挖人工水圳沿前街与钟英街之间，穿户过巷由北向南。一是从村北端的柿坑引水，沿着后街由北向南，至村南端与前街的水圳汇合后再入潨川河。两条水圳在村前、村中、村后纵贯南北，中间横向多次联系，在村中形成网状水系。水圳过街巷时显，穿户时隐，时隐时现的村中人工水圳与村边恰似玉带环绕的潨川河，使呈坎生机勃勃、富有生活情趣。

蓄水补基。挖塘蓄水是"引水补基"的又一重要措施。风水说认为"塘之蓄水，足以荫地脉，养真气"[1]，绩溪宅坦村可谓通过"挖塘蓄水"完善村落环境的典型代表。宅坦地处竹竿尖山脚的岗坡上，没有自然溪流，村落环境缺少"环水"这一要素。为了生存的需要，宅坦村祖先精心策划，挖塘蓄水，建立了独具特色的村落水系。他们在村内、村外遍挖水塘，水塘与水塘之间采用明圳暗沟相互连通。在竹竿尖山的腰部筑一口深塘蓄积山水，深塘与村外、村内的水塘有沟渠相通。为了保证村外、村内的水位和更换污染的水源，定期从深塘放水，补充各水塘的水源，从水塘排出的水用来灌溉农田。经过数代人的努力，宅坦人在村内、村外开挖了100多口水塘，塘口面积有大有小，大的可达六七亩，小的只有二三百平方米。古时，宅坦水塘可蓄水4万多立方米。目前村内的水塘主要有慕前塘、坦下塘、家里塘、罗济塘等，这些水塘建设各具特色，有些还富有深刻的文化寓意。如慕前塘塘口有9个内角，9个泄洪闸孔，9级塘坎。据说这口水塘是由前门支祠的9个支派共同集资挖筑的，为了体现水塘是由9个支派共同构筑的，采用了巧妙的、处处体现"9"字的设计。再如坝下塘，塘水满时是一口塘，塘水浅时变成三口小塘，这种一分三、三合一的设计表示这口水塘是后门支祠社生、泰生和寿生三兄弟共同修筑的，产权由三支共同所有。这些设计建造的文化寓意充分展示了古人

145

---

① 何晓昕. 风水探源［M］. 南京：东南大学出版社，1990.

的聪明才智。宅坦村民居基本环塘而筑，临水而居。遍布村内、村外的水塘既解决了人们的生产、生活所必需的水源，又起到美化村落和调节小气候的作用，同时起到有效的防火作用。建村数百年来，宅坦虽发生过多次火灾事故，但均未造成大的危害，这是宅坦得以保存至今并不断发展的重要因素。

植树培基。植树造林是完善非理想人居环境的又一重要措施。在特定的地段广种林木，多植花果树，以形成郁郁葱葱的绿化带，保持水土、调节温度和湿度，形成良好的小气候，同时有助于营造出鸟语花香、风景如画的村落环境。绩溪宅坦地处岗坡，无两山夹峙、溪流环绕之势，于是宅坦胡氏祖先在村口山岗、塘堤广植林木，形成两条平行的绿色长廊，形成绿树成荫、苍翠蔽日、空气清新的绿色屏障。它既可防风挡沙、防止水土流失，又调节了村落的小气候。与村口林带相呼应，宅坦村内空地、土堆、塘边等地方广植林木，星点、片块的树林镶嵌在粉墙黛瓦之间，和谐优美。

另外，培补龙背砂山也是一种重要的"补基"方法，在特定的地段如村口、背山等地段，挑土增高或改变山的形状，改善村落景观。如因山上泥土较少，绩溪龙川胡氏宗族在族规家法中规定，宗族子弟生男孩，必须担土上山栽树一棵，让孩子与树同时成长。在歙县瞻淇，喜得贵子人家必捧土堆于案山秀峰巅。歙县棠樾的水口依风水说，设在村落"巽位"吉方的东南角，但此处地势较为平坦，为增加锁钥气势、彻底把住关口，在水口旁人工砌筑了7个高大的土墩，俗称七星墩，墩上植大树以障风蓄水，至今尚存。

水口是组成村落理想人居环境的重要因素之一，它对村落的自然环境和文化心理环境起着重大的影响，不论是出于引水、植树等实用性目的的补基措施，还是出于趋吉避凶考虑的文化心理调整，水口总是最受人们关注的地方。

三、被动的村落选址

庐墓成村。这是徽州村落选址、起源的一种重要方式。受风水说的影响、程朱理学的熏陶，古时徽州人"葬必择地"，重视葬地环境及象征意义，即所谓"觅吉地"，许多葬地因此地处"吉地"。徽州宗法制度浓厚，盛行孝道，恪守孝行的后代子孙在祖先墓地旁建宅，逐渐发展成为村落。这种村落选址实质是宗族制度和风水说共同作用的结果。有的学者认为这种选址是一种选择之后的无选择，称之为被动的选择。① 据《歙县黄墩黄氏族谱》载："新安始祖……自晋元帝时守新安，卒，葬姚家墩境，（其子）庐墓于此，遂家焉，后子孙繁衍更名黄墩。"在歙县昌溪，宋淳熙年间昌溪吴氏始祖一之公发现了依山傍水、翠绿别致、鸟语花香的"太湖坵"，出资买下，由歙县西溪南迁来定居，嘱其后人将其安葬于"太湖坵"旁，现古坟、古碑尚在。吴氏后人结庐守墓，逐渐发展，终于使昌溪成为歙南第一村落。正如《昌溪太湖吴氏宗谱》云："吾家宗派始自歙西溪南，自宋时，由九祖一之公者卜有吉地歙南太湖畔安葬，十世祖愿玉公，结庐守墓，终不忍去，迁居是焉……居岁余，视其地平夷，草木丛茂，前拥太峰峦，后列西山屏障……山水回环，左右拱卫，且羡产肥而价易，可以兴家，及时而出货，可以生殖，遂构宅而居焉。"歙县潭渡村也是庐墓而成，据《潭渡黄氏族谱》记载，黄氏"子孙世家黄墩，至唐神龙间，我祖璋公迁居黄屯，公之曾孙芮公庐公墓潭渡之北，迄今为潭渡黄氏"。棠樾村的起源也与"卜地而葬""庐墓成村"有关。棠樾是歙县西门鲍荣的造园之所，鲍荣夫妻卒后葬于此地。鲍荣之后，棠樾一直只是作为鲍氏的园林别业，并无他建。棠樾北靠松林茂密的灵山支脉——龙山，南临歙休盆地，源自黄山的丰乐河由西而东穿流而过，远处以富亭山为屏，符合"枕山、环水、面屏"的理想模式。到了四世公鲍居美"察此山川之胜，原田之宽，足以立子孙百世大业"，遂自府邑西门携家定居棠樾，自此而后八百多年棠樾村盛衰起伏，保存至今。②

147

不论是积极选择而形成的村落，还是被动选择而形成的村落，徽州村落几乎都经过精心的选择，即所谓徽州几乎无村不卜。择地而兴的村落，自然环境一般都比较优越，同时也满足了人们对吉地的心理向往。就是因交通便利而形成发展的歙县渔梁村，也以风水说加以解释，渔梁村"左依问政（山），右挟乌聊（山），崇山蜿蜒，支陇交互其外，则玉溪萦绕汇于渔梁"（许家栋：《歙县乡土志》）。与那些经风水师指点营建的村落相比较，渔梁在风水上留下不小的缺陷。风水师认为渔梁离"屏山"紫阳山太近，明堂太小，出不了大官。渔梁历史上也确实没有出现过"同胞翰林""父子尚书"的盛况，渔梁人对此一直耿耿于怀。实际上，这与渔梁村的形成历史、村落功能有关，而与"屏山"太近没有太

① 何晓昕. 风水探源［M］. 南京：东南大学出版社，1990.

② 东南大学建筑系，歙县文物管理所. 徽州古建筑丛书——棠樾［M］. 南京：东南大学出版社，1993.

多的关系。

值得一提的是，根据仿生学原理进行村落选址是古时徽州人又一独具特色的择地方法。唐朝末年颍川郡陈彦文来江西镇压黄巢起义，卒于浮梁县，其子孙迁至祁门闪里的竹园坞，其后有兄弟四人欲迁至柏里居住。为了证明柏里是否能够居住，人丁能否兴旺，每人采了一根柏树枝插在地上，活了则证明能够居住，为吉地，否则不易定居。结果，四根迁基柏枝均成活，于是四兄弟举家迁居，并取地名柏树下，后改为柏里。迁基古柏至今仍存，约有千年的历史，代代受到保护，十分珍贵。绩溪宅坦先民原散居于现村落的外围，常见鸡狗成群结队，到现宅坦村中央地带，觅食生活，交媾衍生。鸡狗是喜阳动物，古俗中，起房盖屋须在公鸡啼鸣之地选定宅基。于是，先民以现宅坦村的位置为阳基宝地，聚居成村。

第五节　徽州村落水口的风水意义

水口是村落从自然空间转为人工空间的过渡，是村落空间序列的开端。徽州先民大多对水口这一村落独特的空间作特别的处理，使其具有鲜明的形象。有着鲜明形象的水口承担了村落空间的导向作用，使村落具有可识别性，使村民具有归属感。

水口作为村落门户，所处空间属于"门"的范畴。作为村落的"门"的空间要素有许多，最具有"门"含义的是有形的寨门。我国西南少数民族常用寨门表示村落的开始，但徽州村落多用树、桥、亭、堤、塘等空间要素及其组合来体现象征性的"门"。有些村落更是将牌坊、祠堂等礼制建筑设在水口，作为村落空间序列的开端，象征、隐喻意义强烈。

水口乃徽州古村落的门户，既是村落的标志，也是走官道进村的必经之地，几乎所有徽州古村落都建有这样的标志。水口被用以界定村落空间序列的开端，村民到此便有一种强烈的归属感。水口景观往往构成村落的前景，对徽州村落而言，水口的设计对于方向性的导引，使人们寻找建筑空间内的方向和目的地更为便捷。从建筑设计构思和技巧方面来看，水口首先为村落开辟了丰富的入口序列空间，采用欲扬先抑的手法，具有良好的导向性，自然与建筑十分协调。

水口除有防卫、界定、导向等实用功能，更重要的是它的风水寓意。按照徽州风水理论，水是财富的象征，水口乃地之门户，关系到村落人丁兴衰、财富聚散，为了留住财气，必须选好水口，以利村落宗族人丁兴旺、财源茂盛。

水口有自然形成的，如黟县西递村的水口处，两山夹峙，中间一条小溪流出，形成天然屏障；也有人工营造的形态，如棠樾村，其水口原来仅在西侧有一座小山，而东侧平坦，无所遮拦。明代沿溪流曾堆筑了七座土丘，称之为"七星墩"，土丘虽小，但可借"七星"在人们心理上的作用起到加强"关锁"的功效。这种封闭的居住空间环境对聚族而居的徽州人来说，有利于保存祖先的人文教化，古村落的水口将徽州传统文化展现得淋漓尽致。

更多的村落水口是利用不同的山势、冈峦、溪流、湖塘等自然形态加工营造，配置以桥梁、牌坊、楼台、亭阁或石塔等建筑，增强锁钥的气势，扼住关口，佐以茂密的树林，形成优美的园林景观。徽州古民居村落的水口大都有人工着意营造的痕迹，如绩溪冯村的"天门""地户"设置就最为典型。冯村在上水口的位置架设安仁桥，并在桥上方围设"天门"；在下水口的位置筑理仁桥关锁水流，并建台榭于桥的下方，响应"地户"；四周狮、象、龟、蛇几座山阜作陪衬，狮象守天门，龟蛇把地户，天门开，地户闭，给予村落极为强烈的安全感。一些徽州村落都在水口建桥，而且多数是廊桥（风雨桥），既满足了风水的要求，又形成村落的交通要道和公共活动场所。例如许村高阳桥，桥的周围还添设有牌坊、楼阁、庭园等建筑，形成村头活动中心。阁的尺度较亭大，常布置在较开阔的水口区，如绩溪石家村的魁星阁、歙县许村防溪的大观亭。塔用来镇风水，一般依风水格局设在村落周边，成为中景要素，如黟县碧山云门塔、泾县查济村三塔。人们在借助风水表达吉凶观的同时，水口的营造也改善了村落的环境及景观，使徽州古村落呈现出"全村同在画中"的环境特征。

古树和古树林常作为徽州村落空间的开始。林木虽为自然之物，但作为风水树、风水林，村民们赋予其更多的功能和情感色彩，予以精心的呵护。年代久远、生机盎然的古树、古树林以其高大形象不失为入口标志的绝好要素之一。树、树林与桥、亭、堤等结合作为村口标志是许多徽州村落的选择，还有一些巨族大村更将文昌阁、魁星楼等发科甲的象征性建筑建在村口，提升了水口在村落空间组织中的作用。

徽州

149

参 考 文 献

[1] 吴良镛. 广义建筑学 [M]. 北京：清华大学出版社，2011.

[2] 汉宝德. 中国建筑文化讲座 [M]. 北京：生活·读书·新知三联书店，2006.

[3] 汉宝德. 风水与环境 [M]. 天津：天津古籍出版社，2003.

[4] 单德启. 安徽民居 [M]. 北京：中国建筑工业出版社，2009.

[5] 单德启. 中国传统民居图说·徽州篇 [M]. 北京：清华大学出版社，1998.

[6] 单德启. 单德启建筑学术论文自选集 从传统民居到地区建筑 [M]. 北京：中国建材工业出版社，2004.

[7] 陈志华. 乡土建筑——婺源 [M]. 北京：清华大学出版社，2010.

[8] 陈志华，李秋香，楼庆西，等. 乡土建筑——关麓村 [M]. 北京：清华大学出版社，2010.

[9] 沈福煦. 城市论 [M]. 北京：中国建筑工业出版社，2009.

[10] 贺为才. 徽州村镇水系与营建技艺研究 [M]. 北京：中国建筑工业出版社，2010.

[11] 刘托，程硕，黄续，等. 徽派民居传统营造技艺 [M]. 合肥：安徽科学技术出版社，2013.

[12] 潘谷西. 江南理景艺术 [M]. 南京：东南大学出版社，2001.

[13] 潘谷西. 中国建筑史 [M]. 6 版. 北京：中国建筑工业出版社，2009.

[14] 段进，揭明浩. 世界文化遗产宏村古村落空间解析 [M]. 南京：东南大学出版社，2009.

[15] 段进. 世界文化遗产西递古村落空间解析 [M]. 南京：东南大学出版社，2006.

[16] 东南大学建筑系，歙县文物事业管理局．棠樾［M］．南京：东南大学出版社，1999.

[17] 李俊．徽州古民居探幽［M］．上海：上海科学技术出版社，2003.

[18] 洪振秋．徽州古园林［M］．沈阳：辽宁人民出版社，2004.

[19] 柳肃．营建的文明　中国传统文化与传统建筑［M］．北京：清华大学出版社，2014.

[20] 姚邦藻．徽州学概论［M］．北京：中国社会科学出版社，2000.

[21] 高寿仙．徽州文化［M］．沈阳：辽宁教育出版社，1993.

[22] 程必定，汪建设．徽州五千村：歙县卷·上下［M］．合肥：黄山书社，2004.

[23] 赵焰，张扬．徽州老建筑［M］．合肥：安徽大学出版社，2011.

[24] 陈晓阳，仲德崑．地方性建筑与适宜技术［M］．北京：中国建筑工业出版社，2007.

[25] 肖鹏．画说徽州民居［M］．武汉：湖北教育出版社，2012.

[26] 肖宏．徽州建筑文化［M］．合肥：安徽科学技术出版社，2012.

[27] 俞宏理，李玉祥．老房子——皖南徽派民居（上下册）［M］．南京：江苏美术出版社，1993.

[28] 俞宏理．中国徽州木雕·人物集［M］．北京：文化艺术出版社，2000.

[29] 宋子龙．徽州牌坊艺术［M］．合肥：安徽美术出版社，1993.

[30] 刘宏，张奇．徽雕艺术细部设计［M］．南宁：广西美术出版社，2002.

[31] 长北．江南建筑雕饰艺术·徽州卷［M］．南京：东南大学出版社，2005.

[32] 樊炎冰．中国徽派建筑［M］．北京：中国建筑工业出版社，2002.

[33] 汪立信，鲍树民．徽州明清民居雕刻［M］．北京：文物出版

151

徽州

社，1986.

　　［34］汪森强．古村有梦　追寻宏村人古往今来的文明足迹［M］．南京：江苏美术出版社，2013.

　　［35］张海鹏，王廷元．徽商研究［M］．合肥：安徽人民出版社，1995.

　　［36］汪昭义．书院与园林的胜境·雄村［M］．合肥：合肥工业大学出版社，2005.

后　记

　　癸卯岁尾，小书得以付梓，甚是欣慰。书中错谬之处，还望方家读者指正。

　　本教材融汇了历年为本科生讲授"徽州建筑文化""古建筑测绘实习"，以及为研究生讲授"地域建筑文化研究"等课程的教学资料、田野调查与思考所得。

　　感谢长期以来同在徽州承担古建筑测绘教学实习工作的饶永、刘阳、严敏、任舒雅、李晓琼、潘蓉、张泉、杨恩达等老师给予的学术交流切磋；感谢众多学者的学术引领和同学们赋予的"学"与"问"；感谢建筑与艺术学院、研究生院、本科生院与出版社的诸多支持助力。

　　徽州建筑文化内涵丰富、生动多彩，是一部凸显建筑的地域性、时代性、文化性的经典活教材，"十讲"仅冰山一角，是永远也讲不完的……

徽州

153

贺为才

癸卯冬日·月光花园

图书在版编目(CIP)数据

徽州建筑文化十讲/贺为才编著. --合肥:合肥工业大学出版社,2024.12
ISBN 978－7－5650－5331－3

Ⅰ.①徽…　Ⅱ.①贺…　Ⅲ.①建筑文化-徽州地区-研究生-教材
Ⅳ.①TU－092.954.2

中国版本图书馆 CIP 数据核字(2021)第 010556 号

徽州建筑文化十讲

贺为才　编著　　　　　　　　　　　　　责任编辑　王钱超

出　版	合肥工业大学出版社	版　次	2024 年 12 月第 1 版
地　址	合肥市屯溪路 193 号	印　次	2024 年 12 月第 1 次印刷
邮　编	230009	开　本	710 毫米×1010 毫米　1/16
电　话	人文社科出版中心:0551－62903205	印　张	10.25
	营销与储运管理中心:0551－62903198	字　数	176 千字
网　址	press.hfut.edu.cn	印　刷	安徽联众印刷有限公司
E-mail	hfutpress@163.com	发　行	全国新华书店

ISBN 978－7－5650－5331－3　　　　　　　　　　定价: 39.00 元

如果有影响阅读的印装质量问题,请与出版社营销与储运管理中心联系调换。